보통날을 특별하게 만드는 방법,
달콤한 케이크를 굽는 일

브리첼의 감성 케이크

브리첼의 감성 케이크

1판 1쇄 발행 2021년 5월 18일
1판 4쇄 발행 2023년 1월 20일

지은이 | 서귀영
발행인 | 홍영태
발행처 | 북라이프
등 록 | 제2011-000096호(2011년 3월 24일)
주 소 | 03991 서울시 마포구 월드컵북로6길 3 이노베이스빌딩 7층
전 화 | (02)338-9449
팩 스 | (02)338-6543
대표메일 | bb@businessbooks.co.kr
홈페이지 | http://www.businessbooks.co.kr
블로그 | http://blog.naver.com/booklife1
페이스북 | thebooklife
ISBN 979-11-91013-22-1   13590

○

내 손끝에서 피어나는
맛있는 디저트

브리첼의 감성 케이크

서귀영 지음

북라이프
booklife

시작하기 전에 알아두세요!

- 모든 재료는 미리 계량해두고, 필요한 도구도 미리 꺼내놓으세요.

- 재료 중 가루류는 한번 체에 내리세요.

- 핸드믹서는 저속(1단), 저중속(2단), 중속(3단), 중고속(4단), 고속(5단)으로 5단계 속도 조절이 되는 제품을 사용했습니다. 달걀, 버터, 크림 등을 휘핑할 때 속도에 따라 완성도가 달라질 수 있으므로 레시피에서 제시한 속도를 지키는 것이 좋습니다.

- 각 레시피의 '사전 준비'에서 재료를 미리 실온에 꺼내두는 경우 1시간 이상 실온에 두어 찬기를 없앱니다.

- 무염 버터는 냉장고에서 꺼낸 즉시 깍둑썰기해 계량하는 것이 좋습니다. 필요한 만큼 썰어 냉장하거나 실온에 두세요. 무염 버터를 실온에 두어 말랑해진 상태에서는 썰기가 어렵습니다. 실온에 둔 무염 버터는 손가락으로 눌렀을 때 움푹 들어가는 정도(20~25℃)면 적당합니다.

- 보통 달걀 1개는 54~60g, 달걀흰자는 37~40g, 달걀노른자는 17~20g 정도입니다. 필요한 용량을 그램(g)으로 표기하고 괄호 안에 개수를 적어둔 경우도 있지만 달걀 크기에 따라 중량이 달라지는 것을 감안하시기 바랍니다.

- 책에서 제시한 틀과 집에서 사용할 틀이 다를 경우 틀에 맞는 반죽량을 계산해서 만드세요(p.38~41 참고).

- 오븐을 사용할 때는 대부분 예열이 필요합니다. 오븐 크기에 따라 굽기 10~30분 전에 책에서 제시한 온도로 예열해두세요.

베이킹을 시작한 지 올해로 19년이 되었습니다. 그동안 블로그와 인스타그램, 유튜브를 운영하며 제과 레시피를 소개해왔습니다. 저도 처음부터 베이킹을 잘하진 못했습니다. 새까맣게 태운 쿠키나 떡지거나 익지 않은 케이크를 만들 때도 많았습니다. 하지만 베이킹이 재밌었기에 퇴근하고 집에 와서 피곤한 줄 모르고 몇 시간 동안 만들었습니다. 시간이 흐르며 다양한 시행착오를 겪으면서 돈으로도 살 수 없는 값진 경험이 쌓이고, 저만의 베이킹 노하우를 갖게 되었습니다.

요즘은 베이킹 클래스가 많이 생겨 누구나 마음만 먹으면 쉽게 배울 수 있지만 예전에는 배울 수 있는 곳이 제과제빵 학원밖에 없었거든요. 꾸준히 베이킹을 하다 보니 배움에 대한 갈증이 커졌습니다. 그때 프랑스 제과제빵 학교인 르꼬르동블루 한국 분교를 다니면서 갈증을 풀 수 있었습니다. 지금까지 다양한 레시피를 만들어 공개하고 제 레시피를 좋아해주시는 분들께 사소한 팁 하나라도 더 알려드리고 싶었습니다. 항상 숙련되지 않은 초보 베이커의 눈높이로 알려드리자는 생각은 변함이 없습니다.

베이킹 책을 펼쳤을 때 재료나 과정이 복잡하면 책을 덮게 됩니다. 그래서 이 책을 기획하고 집필을 시작하면서부터 초보 베이커가 흔히 겪을 수 있는 어려움을 해결하는 데 집중했습니다. 가장 많이 고민한 세 가지를 꼽아보았습니다.

첫째, 구하기 어려운 재료가 아니어야 한다.

둘째, 만드는 과정이 까다롭지 않아야 한다.

셋째, 숙련된 기술을 필요로 하는 아이싱 없이 만들 수 있어야 한다.

이 책은 위 세 조건에 맞는 케이크로만 구성했습니다. 제작 공정이 많은 케이크라도 과정마다 팁을 상세히 설명했습니다. 또 케이크 반죽의 비중을 측정해 실패를 줄이는 방법, 책에 소개한 레시피의 틀과 여러분이 가지고 있는 틀이 다를 때 반죽량 구하는 방법을 자세히 설명해 반죽이 남거나 모자라는 일 없이 케이크를 완성할 수 있도록 했습니다.

무엇보다 만들기 쉬운 케이크부터 난이도가 높은 케이크까지 골고루 구성했습니다. 요즘 카페에서 사랑받는 인기 케이크와 만들기 쉬우면서 맛있고 디자인도 예쁜 케이크를 소개하려고 노력했습니다. 케이크 만들기를 처음 시도하는 분뿐만 아니라 제과에 숙련된 분, 카페를 운영하는 분까지 도움이 되는 책이 아닐까 생각합니다.

베이킹을 사랑하는 모든 분이 곁에 두고 자주 만들어보는, 꼭 필요한 책이 되었으면 하는 바람입니다. 실패를 두려워하지 않고 만드는 과정을 즐겨보세요. 오븐에서 케이크가 구워지는 순간, 정성스레 준비한 케이크를 누군가에게 선물하는 순간, 마음이 포근해지는 베이킹의 행복을 느껴보시길 바랍니다.

4월의 어느 봄날, 서귀영

Contents

모든 날을 스위트하게!
홀케이크

기본 도구

1 오븐

베이킹에서 가장 기본적으로 필요한 도구입니다. 일반 오븐, 컨벡션 오븐, 데크 오븐 등으로 나뉩니다. 브랜드와 용량 등에 따라 굽는 시간과 설정 온도가 다르기 때문에 오븐의 특성을 파악하는 것이 중요합니다. 이 책에서는 일반 오븐과 컨벡션 오븐을 기준으로 했습니다.

- 일반 오븐 : 내부에 열선이 깔려 있으며, 가격이 저렴해 가정용으로 많이 사용합니다. 다만 열이 고르지 못하고 한 번에 많이 구울 수 없는 게 단점입니다.

- 컨벡션 오븐 : 내부에 열선이 없고 팬이 돌면서 열을 전달합니다. 일반 오븐에 비해 열이 고르게 전달되고 굽는 시간이 조금 더 짧아요. 가정에서 사용하기에 크기가 크고 가격도 비싼 편입니다.

- 데크 오븐 : 컨벡션 오븐과 달리 복사열을 이용합니다. 용량이 커 대량 생산해야 하는 베이커리 업소에서 주로 사용합니다. 위·아래 온도를 개별적으로 설정할 수 있으며, 문을 열고 닫을 때 열 손실이 적습니다.

2 원형 틀

바닥 면이 막힌 일체형과 바닥 면이 뚫린 분리형 두 종류가 있으며 크기가 다양합니다. 분리형을 사용하면 틀에서 케이크를 쉽게 꺼낼 수 있습니다. 제누아즈, 치즈케이크 등 원형의 다양한 케이크 시트를 구울 때 사용합니다.

3 사각 틀

정사각형, 직사각형 등 모양과 크기가 다양합니다. 카스텔라, 브라우니, 트레이 케이크 등 사각 모양의 케이크 시트를 구울 때 사용합니다.

4 무스 틀

윗면과 바닥 면이 뚫려 있는 링 모양 틀입니다. 원형, 정사각형, 직사각형 모양이 있으며 높이는 5cm, 6cm, 7cm로 나뉩니다. 주로 무스케이크 등을 구울 때나 가나슈를 만들 때 사용합니다.

5 실리콘 틀

실리콘 재질이라 열전도가 좋습니다. 버터나 철판 이형제를 바르지 않고 반죽을 담아 구워도 분리가 잘됩니다. 주로 마들렌, 피낭시에 등 구움과자류와 미니 파운드케이크, 미니 무스케이크 등을 구울 때 사용합니다. 불에 직접 닿으면 녹으니 주의합니다.

6 롤케이크 팬

너비가 넓고 높이가 낮은 사각 팬입니다. 주로 크림을 채워 돌돌 마는 롤케이크 시트나 레이어 케이크 시트를 구울 때 사용하며 쿠키 팬으로도 이용합니다.

7 시폰 틀

가벼운 알루미늄 재질이며 촉촉하고 부드러운 시폰케이크를 만들 때 사용합니다. 가운데에 기둥이 있는데 그 기둥이 지지대가 되어 많은 양의 머랭이 들어가는 묽은 시폰케이크 반죽이 꺼지지 않습니다.

8 타르트 틀

높이가 낮은 원형 틀로 바닥 면이 막힌 일체형과 바닥 면이 뚫린 분리형으로 나뉩니다. 또 테두리가 주름진 것과 매끈한 것 등 여러 종류가 있습니다. 바닥이 단단한 타르트 시트를 만들 때 사용합니다.

9 구겔호프 틀

중앙의 기둥으로 열이 전해져 고르게 잘 구워지며 특유의 주름진 모양과 가운데 뚫린 구멍이 특징입니다. 미니케이크 등을 만들 때 사용합니다.

10 짜주머니

반죽을 담아 오븐 팬이나 머핀 컵, 실리콘 틀 등에 짜거나, 생크림 또는 버터크림을 담고 깍지를 끼워 케이크 윗면에 장식할 때 사용합니다. 반영구적으로 사용 가능한 나일론 재질과 일회용 비닐 재질이 있는데 주로 비닐 재질을 사용합니다.

11 깍지

짜주머니 뾰족한 부분을 조금 자른 후 깍지를 끼워 반죽을 짜거나 크림으로 모양을 낼 때 사용합니다. 다양한 크기와 모양의 깍지가 있습니다.

12 제스터

단단한 덩어리 치즈를 갈 때 사용하는 도구로 베이킹에서는 레몬, 오렌지, 자몽 등의 껍질을 벗겨 재료로 활용할 때 사용합니다.

13 각봉

일정한 두께로 케이크 시트를 자를 때나 반죽을 일정한 두께로 밀 때 사용합니다.

14 붓

케이크 시트에 달걀 푼 것이나 시럽 등을 바를 때 사용합니다.

15 아이스크림 스쿠프

구움과자나 쿠키 반죽을 일정하고 깔끔한 모양으로 나눌 때, 또는 케이크 윗면에 동그랗게 크림을 얹어 장식할 때 사용합니다.

16 스퀴저

레몬, 라임, 자몽, 오렌지 같은 시트러스 과일의 즙을 짜는 도구입니다.

17 케이크 돌림판

케이크 시트에 크림을 바를 때 사용하면 편리한 도구로 재질은 플라스틱과 스테인리스가 있습니다. 스테인리스 돌림판은 플라스틱 돌림판에 비해 무거워 아이싱할 때 흔들리지 않아서 안정적입니다.

18 저울

2kg, 5kg 등의 소형 저울과 대형 저울이 있으며 미량 계량을 위해 소수점까지 계량되는 저울이 있으면 더욱 편리합니다.

19 믹싱 볼

재료를 넣어 반죽이나 크림 등을 만들 때 사용합니다. 재질은 스테인리스, 유리, 플라스틱 등이 있으며 스테인리스 제품을 가장 많이 사용합니다. 크기별로 구비해놓으면 편리합니다.

20 냄비

시럽을 끓일 때나 잼 또는 캐러멜을 만들 때 사용합니다. 바닥이 얇은 냄비는 쉽게 타고 눌어붙기 때문에 바닥이 두꺼운 냄비가 좋습니다.

21 계량컵

액체 재료의 양을 재는 데 사용합니다. 생크림을 데우거나 초콜릿을 녹일 때도 계량컵에 담아 전자레인지에 돌리면 편합니다.

22 계량스푼

적은 양을 정확하게 계량할 수 있는 도구로 1큰술(15ml), 1/2큰술(7.5ml), 1작은술(5ml), 1/2작은술(2.5ml), 1/4작은술(1.25m) 등으로 나뉩니다.

23 체

가루를 체에 내려 불순물을 제거하고 가루 속에 공기를 넣어 다른 재료와 골고루 섞이도록 도와줍니다. 크기가 다양하니 용도에 맞게 사용하면 됩니다. 손잡이가 있는

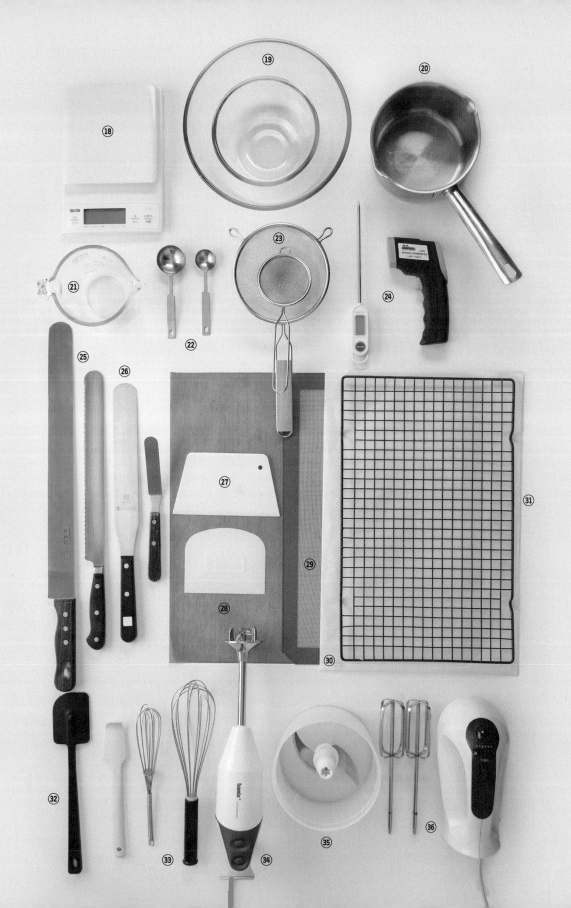

제품이 사용하기 좋습니다. 크림이나 반죽 등을 곱게 거를 때나 고구마, 단호박 등을 곱게 으깰 때도 사용합니다. 작은 체는 슈거 파우더를 반죽에 뿌려 굽거나 케이크 위에 장식할 때 사용합니다.

24 온도계
디지털 타입과 적외선 타입이 있습니다. 디지털 타입은 내부 온도까지 측정 가능하며, 적외선 타입은 표면 온도 측정은 가능하지만 디지털 타입에 비해 정확성이 떨어집니다. 냄비에 끓인 시럽이나 버터나 우유, 달걀 등을 녹인 후 온도를 측정할 때 사용합니다.

25 빵칼
홀케이크나 케이크 시트를 자를 때 사용합니다. 제누아즈 등 카스텔라 케이크를 자를 때는 톱니형, 무스 등 부드러운 케이크를 자를 때는 일자형을 사용하는 것이 좋습니다.

26 스패츌러
케이크 시트에 반죽이나 크림을 균일하게 펴거나 매끈하게 바를 때 사용합니다. 종류는 수평형과 L자형이 있으며 날은 긴 것과 짧은 것이 있어 용도에 맞게 사용합니다.

27 스크래퍼
반죽을 균일하게 펴거나 분할하거나 하나로 긁어모을 때, 버터를 조각낼 때, 케이크 반죽을 평평하게 정리할 때 사용합니다. 케이크 시트나 쿠키 등을 식힘 망으로 옮길 때도 유용합니다.

28 테플론 시트
오븐 팬 바닥에 깔아 케이크를 구울 때 사용합니다. 특히 롤케이크 등 매끈한 케이크 시트를 만들 때 필수입니다. 열에도 잘 견디며 표면이 매끄러워 눌어붙지 않고 깔끔하게 떼어집니다. 오븐 팬을 보호하는 역할도 하며, 바닥에 잘 밀착되어 반죽할 때 실리콘 매트 대용으로도 사용하기 좋습니다. 중성세제로 가볍게 세척한 후 말려 사용하면 반영구적으로 사용할 수 있습니다.

29 실리콘 매트
반죽을 치대거나 잘게 자르거나 섞을 때 바닥에 깔고 사용합니다.

30 유산지
팬이나 틀에 깔아 케이크를 구울 때, 롤케이크 시트를 말 때, 가루를 체에 내릴 때 바닥에 깔고 사용하는 일회용 기름종이입니다.

31 식힘 망
오븐에서 바로 구워낸 케이크 시트, 쿠키, 빵 등을 식힐 때, 케이크 위에 가나슈로 코팅할 때 사용하는 철망입니다.

32 실리콘 주걱
반죽이나 크림을 골고루 섞거나 깔끔하게 정리하는 데 사용하는 도구입니다. 열에 강하기 때문에 소스나 잼 등을 끓일 때도 사용할 수 있습니다. 용도에 따라 다양한 사이즈를 구비해놓으면 편리합니다. 불에 직접 닿으면 녹으니 주의합니다.

33 거품기
달걀을 풀 때, 반죽하거나 재료를 섞을 때, 소스를 끓이거나 생크림을 손으로 휘핑할 때 사용합니다. 반죽의 양이나 용도에 따라 크기가 달라집니다.

34 핸드블렌더
가나슈를 유화시키거나 소량의 재료를 곱게 갈 때 사용합니다.

35 푸드 프로세서
견과류 등 단단한 재료를 다지거나 재료를 모두 섞어 반죽할 때 사용합니다.

36 핸드믹서
전동으로 반죽을 섞거나 거품을 낼 때, 버터나 크림치즈를 풀 때 사용합니다. 저속(1단)에서 저중속(2단), 중속(3단), 중고속(4단), 고속(5단)까지 속도 조절이 다양하게 되는 제품을 선택하는 것이 좋습니다. 손으로 휘핑하기 힘든 작업을 할 수 있어 편리합니다. 핸드믹서를 사용할 때는 볼을 손으로 잡고 사용하며, 액체류가 튈 수 있으니 주의해야 합니다.

기본 재료

1 우유

수분, 지방, 단백질, 유당 등으로 구성되어 있으며 크림을 만들 때나 반죽의 되직한 정도를 조절할 때 사용합니다. 반죽할 때 물 대신 우유를 넣으면 부드러운 식감과 고소한 풍미를 냅니다.

2 생크림

우유에서 지방만 분리해 살균 농축한 것. 케이크용으로는 유지방이 35~40% 함유된 생크림을 사용합니다. 생크림을 단단하게 휘핑해 케이크 윗면을 장식할 때나 시트에 바를 크림을 만들 때 사용합니다.

3 버터

우유에서 지방을 분리해 숙성시킨 것. 가염 버터와 무염 버터가 있는데 베이킹에서는 대부분 무염 버터를 사용합니다. 마들렌, 파운드케이크, 타르트 등 버터가 주재료인 제품을 구웠을 때 더 깊은 맛을 냅니다.

4 크림치즈

크림과 우유를 섞어 만든 치즈. 숙성한 치즈에 비해 식감이 부드럽고 신맛과 고소한 맛이 납니다. 베이킹에서는 주로 플레인 크림치즈를 사용합니다.

5 가당 연유

우유에 설탕 16~17%를 첨가한 후 진공 상태에서 1/3~1/2 정도로 농축시킨 것. 단맛과 우유 맛이 진하기 때문에 생크림에 섞어 사용하면 더욱 밀키한 풍미를 느낄 수 있습니다.

6 마스카르포네

생크림을 가열한 후 식초나 레몬즙 등 산을 첨가해 수분을 빼고 만든 치즈. 지방 함량이 55~60%로 매우 높으며 생크림 맛을 더욱 풍부하게 내고 싶을 때 사용하면 좋습니다. 티라미수, 치즈케이크의 기본 재료로도 많이 사용합니다.

7 사워크림

생크림을 발효시켜 만든 크림. 신맛이 나고 걸쭉한 제형으로 치즈케이크에 새콤한 맛을 더할 때나 상큼한 케이크를 만들 때 사용합니다.

8 바닐라빈

바닐라 나무 열매를 따서 발효와 건조 과정을 거친 것. 밀가루나 달걀의 잡내를 잡을 때 사용합니다. 반으로 갈라 씨만 사용하거나 액체류에 껍질을 넣어 깊은 향을 내기도 합니다. 은은한 바닐라 향이 나는 마다가스카르 바닐라빈(줄기가 가는 것)과 과일 향, 초콜릿 향이 나는 타히티 바닐라빈(줄기가 굵은 것)이 있습니다.

9 바닐라 익스트랙트

바닐라빈을 럼이나 보드카처럼 도수 높은 술에 넣어 2~6개월간 숙성시킨 것. 달콤한 바닐라 향과 가벼운 계피 향이 납니다. 달걀 비린내를 잡아줘 구움과자나 케이크 반죽에 사용합니다.

10 달걀

제과에서 달걀은 풍미, 반죽의 볼륨, 수분 공급, 구움 색을 내는 효과뿐만 아니라 달걀노른자의 레시틴 성분은 수분과 지방을 유화시키는 등 다양한 역할을 합니다. 보통 달걀 1개는 54~60g, 달걀흰자는 37~40g, 달걀노른자는 17~20g 정도입니다.

11 브랜디

발효시킨 과일즙이나 포도주를 증류해 만든 술. 베이킹에서는 향을 가미하거나 풍미를 끌어올리는 데 사용합니다. 그랑 마니에, 쿠앵트로, 키르슈 등의 종류가 있습니다.

12 레몬즙

상큼한 풍미를 내거나 잡내를 잡는 데 사용합니다. 시럽이나 잼을 만들 때 농도를 조절하는 역할도 합니다. 레몬 껍질을 갈아 넣으면 식감을 살려줍니다.

13 페이스트
견과류 페이스트는 견과류를 곱게 갈아 되직하게 만든 것으로 크림이나 반죽에 넣어 고소한 맛을 냅니다. 오징어 먹물 페이스트는 오징어 먹물만 채취해 가공한 것으로 반죽에 넣어 색과 맛을 냅니다.

14 과일 퓌레
과일 껍질과 씨를 제거해 곱게 갈거나 다진 후 설탕을 10% 첨가해 가공한 것. 보통 냉동 제품으로 판매하며 실온에서 녹여 크림이나 반죽에 섞어 사용합니다.

15 커버추어
카카오 버터 함유량이 30% 이상인 초콜릿. 코코넛유, 팜유 등 식물성 유지가 들어가지 않은 순수 카카오 고형분과 카카오 버터만 함유되어 있으며 성분 함량에 따라 종류가 나뉩니다.

- 화이트 초콜릿 커버추어 : 카카오 고형분 28% 이상, 우유 20% 이상 함유한 것으로 부드럽고 가장 달콤합니다.
- 밀크 초콜릿 커버추어 : 카카오 고형분 25% 이상, 우유 14% 이상 함유한 것으로 부드러운 맛이 납니다.
- 다크 초콜릿 커버추어 : 카카오 고형분 35% 이상, 카카오 버터 18% 이상 함유한 것으로 쓴맛이 강합니다.

16 식물성 오일
식물의 씨나 열매에서 짜내거나 용매로 추출해 얻은 기름으로 포도씨유나 카놀라유 등을 말합니다. 버터처럼 녹이지 않아도 돼 사용이 간단하며 촉촉한 식감을 냅니다.

17 럼
사탕수수에서 설탕을 만들고 난 당밀을 발효시켜 증류한 술. 보통 색상과 향미에 따라 라이트(화이트 럼), 미디엄(골드 럼), 헤비(다크 럼) 세 종류로 나뉘며 알코올 함량은 43~53% 정도입니다. 건과일을 절일 때나 잡냄새를 잡아 고급스러운 풍미를 낼 때 사용합니다.

18 밀가루
단백질 함량에 따라 강력분, 중력분, 박력분으로 나뉩니다. 제과용으로는 주로 박력분을 사용하는데, 입자가 곱고 단백질 함량이 낮아 글루텐의 탄성이 많이 필요하지 않은 케이크 반죽, 크림 등에 적합합니다.

19 옥수수 전분
콘스타치라고도 하며 입자가 매우 곱습니다. 응고하는 성질이 강해 반죽이 잘 엉기게 하고, 부드러우면서 가벼운 식감을 냅니다. 보통 밀가루 분량의 3~5% 정도 사용합니다.

20 아몬드 가루
아몬드 껍질을 벗겨 곱게 간 것. 아몬드의 유분 성분 때문에 구우면 촉촉하고 고소한 식감을 냅니다. 밀가루와 함께 반죽합니다.

21 볶음 콩가루
콩을 볶아 곱게 간 것. 특유의 고소한 풍미를 냅니다. 반죽에 소량 넣으면 인절미 같은 맛을 냅니다.

22 단호박 가루
베타카로틴이 풍부한 단호박을 건조해 곱게 간 것. 최근에 파운드케이크나 크럼블 등에 많이 사용합니다.

23 코코아 가루
카카오를 분쇄해 페이스트 상태로 만든 후 압착해 카카오 버터를 분리하고 나머지를 건조, 분쇄해 가루로 만든 것. 티라미수, 초코케이크에 뿌리거나 초콜릿 케이크 반죽에 넣습니다.

24 말차 가루(녹차 가루)
어린 녹찻잎을 쪄서 말려 곱게 간 것. 반죽, 크림 등에 소량 넣으면 쌉싸름한 향과 진한 초록빛을 냅니다.

25 쑥 가루
쑥을 말려 곱게 간 것. 반죽, 크림 등에 소량 넣으면 쌉싸름한 특유의 향과 맛을 냅니다.

26 홍국 쌀가루
백미에 모나스쿠스(monascus)라는 곰팡이균을 넣어 15~30일간 발효시킨 쌀가루로 제과에서 자연원료로

① 서울우유

② 생크림

③ Le Beurre Moulé Doux

④ PHILADELPHIA

⑤ 서울 연유

⑥ Mascarpone

⑦ 사워크림

⑧

⑨

⑩

⑪

⑫

⑬

⑭ boiron Fruit Puree

화이트

밀크

다크

⑮

⑯

⑰

이용됩니다. 색소를 사용하지 않아도 붉은색을 띠어 붉은색의 케이크 시트를 만들 때 사용합니다.

27 얼그레이
베르가모트 향을 첨가한 영국 홍차. 풍미와 향이 독특하며 홍차 향을 내는 디저트에 두루 사용합니다. 얼그레이 잎을 그대로 반죽에 넣거나 티백을 우려 시럽으로 사용하는 등 다양하게 활용합니다.

28 시나몬 가루 · 계핏가루
시나몬 가루는 육계나무, 계핏가루는 계수나무 껍질을 말려 곱게 간 것. 계핏가루는 매운맛이 조금 더 강하고 시나몬 가루는 달콤한 맛이 조금 더 강합니다. 당근, 사과 등이 들어간 케이크에 잘 어울리며 향을 낼 때 사용합니다.

29 흑임자 가루
흑임자깨를 볶아 가루 낸 것. 고소한 맛이 나며 파운드 케이크, 스콘, 케이크 등 특색 있는 디저트에 사용합니다.

30 펙틴
감귤류나 사과즙의 찌꺼기를 묽은 산으로 추출해 만든 가루 형태 첨가물. 재료를 되직하게 만드는 응고제 역할을 해 잼을 만들 때 사용합니다.

31 젤라틴
동물의 연골이나 힘줄 성분인 콜라겐을 주원료로 하며, 가루 타입과 고체 타입이 있습니다. 젤리, 무스케이크 등을 굳힐 때 사용합니다.
· 가루 젤라틴 : 5배의 물에 넣고 녹을 때까지 전자레인지에 돌려 사용합니다.
· 판 젤라틴 : 찬물이나 얼음물에 5~10분간 불려 물기를 짠 후 전자레인지에 돌려 녹인 후 사용합니다.

32 베이킹파우더
수분과 열에 반응하는 화학적 팽창제로 빵을 만들 때 꼭 필요한 재료입니다. 가루류에 섞어 사용하며 케이크나 쿠키 등을 부풀게 해 식감을 좋게 만듭니다. 알루미늄이 함유된 것은 쓴맛이 나기 때문에 알루미늄프리 제품을 사용하는 것이 좋습니다.

33 베이킹소다
레몬즙 등 산성 물질과 만나면 곧바로 탄산가스를 만들어 반죽을 부풀게 하는 화학 팽창제. 탄산수소나트륨이라고도 합니다. 보통 베이킹파우더와 함께 소량 사용하며 액체를 넣기 전에 사용해야 합니다. 베이킹파우더보다 4배가량 팽창력이 강합니다.

34 설탕
백설탕, 흑설탕, 비정제설탕 등이 있습니다. 단맛을 내는 것 외에도 반죽을 오랫동안 촉촉하게 유지하며, 볼륨을 풍부하게 만들고 구움 색과 향을 냅니다.

35 슈거 파우더
정백당을 밀가루처럼 곱게 빻은 것으로, 3~5%의 전분이 함유되어 있어 굳는 것을 방지합니다. 단맛과 부드러운 식감을 내기 위해 반죽에 넣기도 하고, 케이크를 장식할 때 체에 내려 뿌리기도 합니다. 촉촉한 케이크 시트 위에 뿌리면 금방 흡수되므로 먹기 직전에 뿌리는 것이 좋습니다.

36 꿀
단맛을 낼 때 설탕 대신 사용하며 반죽을 더 촉촉하게 해주는 역할을 합니다. 특유의 향이 강해 양을 적당히 조절해 사용해야 합니다.

37 물엿
반죽의 건조를 막아 제과류의 촉촉함이 오래 지속되게 해줍니다.

38 견과류
피칸, 호두, 아몬드, 피스타치오, 마카다미아 등 다양한 종류가 있으며 고소한 맛과 향을 냅니다. 사용하기 전에 오븐에 살짝 구우면 더욱 바삭하고 고소한 풍미를 냅니다. 가루 낸 것을 반죽에 넣어 식감을 내거나, 케이크 위에 장식용으로 사용합니다.

39 건과일
생과일을 말린 것. 보관이 쉽고 쫀득한 식감을 냅니다. 제과에서는 무화과, 살구, 크랜베리, 오렌지 필 등을 주로 사용합니다.

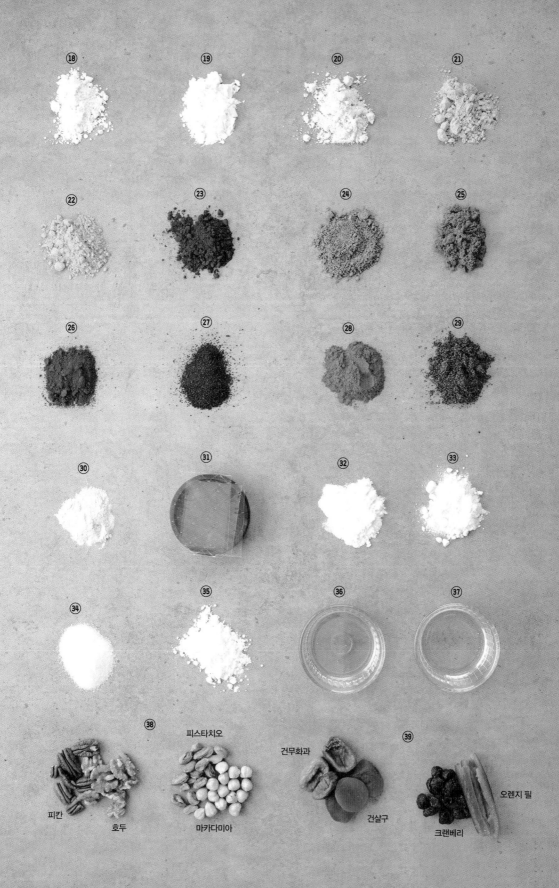

피스타치오

건무화과

오렌지 필

피칸

호두

마카다미아

건살구

크랜베리

재료 보관에 관한 용어

실온 보관 : 실내의 상온(15~25℃)에서 보관하는 것. 즉 낮은 온도가 일정하게 유지되며 직사광선이 닿지 않는 실내에서 보관하는 것을 말합니다. 주로 습기에 약한 재료를 보관하는 데 적합합니다. 습도가 높은 싱크대 아래 칸에 보관할 때는 제습제를 넣어두세요.

냉장 보관 : 냉장고(10℃ 이하)에 보관하는 것. 냉장고 안에서 다른 음식과 섞여 있으면 냄새가 배니 제과에 사용하는 재료는 칸을 분리해 별도 보관하고, 밀폐 용기에 넣어 마르지 않도록 하세요.

냉동 보관 : 냉동실(-18℃ 이하)에 보관하는 것. 냉동실 안에서 다른 음식과 섞여 있으면 냄새가 배니 제과에 사용하는 재료는 칸을 분리해 밀폐 용기에 넣거나 밀봉해 별도 보관하세요.

밀봉·밀폐 보관 : 밀폐 용기, 지퍼 팩, 비닐 등에 클립 실러 등으로 입구를 완전히 차단해 공기가 유입되지 않도록 보관하는 것.

주요 재료 보관 방법

밀가루 : 실온＋밀봉·밀폐
직사광선이 닿지 않는 실온에 밀봉하거나 밀폐 용기에 넣어 보관합니다. 밀가루는 습기에 약해 흡습하면 덩어리지거나 변질되기 쉽습니다. 직사광선을 피하고, 습도가 높은 싱크대 아래 칸에는 보관하지 않는 것이 좋습니다. 또 냄새를 잘 흡착하기 때문에 냄새 나는 물건과 가까이 두지 않도록 합니다.

견과 가루 : 냉동 또는 냉장＋밀봉
아몬드 가루, 헤이즐넛 가루 등 유분이 많은 가루는 실온에 두면 변질되기 쉽습니다. 처음 개봉한 상태로 유지하려면 밀봉해 냉동실에 보관하고, 금방 사용할 양만 지퍼 팩에 담아 냉장해두는 게 좋습니다.

설탕 : 실온＋밀봉·밀폐
설탕은 개봉한 지 오래되면 굳어 덩어리지고 단단해집니다. 수분에도 약해 습한 여름철에 특히 관리가 중요합니다. 만약 덩어리졌다면 제습제를 넣어두거나 밀폐 용기에 굳은 설탕을 담고 식빵 한 조각을 넣어두면 식빵이 수분을 흡수해 다시 가루 형태로 됩니다.

말차 가루(녹차 가루) : 냉장＋밀봉
녹차는 고온 다습한 곳에 두면 색과 맛이 쉽게 변합니다. 냄새도 잘 흡착해 냉장고에 보관할 때는 밀봉해서 냄새가 강한 식품과 함께 두지 않도록 합니다.

코코아 가루 : 실온＋밀봉
코코아 가루는 온도 변화에 약하고 흡습이 쉬워 냉장고에 보관하지 않고 실온에 두는 게 좋습니다. 해충에 약하므로 반드시 밀봉하고, 냄새도 잘 흡착해 냄새가 강한 식품과 함께 두지 않도록 합니다.

베이킹파우더 : 실온＋밀봉·밀폐
공기 중의 습기와 조금이라도 접촉하면 화학 반응이 일어나므로 반드시 습기를 차단해야 합니다. 실온에서 밀봉 및 밀폐 보관이 필수입니다.

버터 : 냉장＋밀봉 보관(장기간 보관 시 냉동＋밀봉)
보통 일반 냉장고에 보관하고 장기간 보관 시 적당한 크기로 잘라 랩이나 종이 포일로 하나씩 싸서 냉동실에 보관합니다. 냉동실에 보관한 버터를 사용할 때는 냉장고

에 넣어 해동한 후 사용하는 것이 좋습니다. 해동한 버터는 다시 냉동하지 않도록 해야 하며, 버터는 냄새를 잘 흡착하니 냄새가 강한 식품과 함께 두지 않도록 합니다.

크림치즈·마스카르포네 치즈 : 냉장 + 밀봉·밀폐
온도 5~10℃, 습도 80~85%를 유지하세요. 온도가 일정하고 습도가 높은 냉장고 야채 칸에 보관하는 게 좋습니다. 표면 테두리부터 마르니 용기 입구를 랩으로 감싸 가능한 한 공기가 닿지 않게 보관하세요. 수분을 많이 함유하고 있어 냉동하면 유분과 수분이 분리되어 푸석해지므로 베이킹에 사용할 때 좋은 맛을 내기 어렵습니다. 따라서 냉장 보관했다가 유통기한 내에 사용하는 것이 좋습니다. 또 수분과 만나면 곰팡이가 피기 쉬우니 젖은 도구로 뜨거나 자르지 않는 게 좋습니다.

생크림 : 냉장 또는 냉동 + 밀봉
생크림을 사용하고 남았을 때는 용기를 클립 실러로 막거나 용기 그대로 지퍼 팩에 넣어 냉장고에 보관합니다. 냉동 보관도 가능하지만 해동 시 유지방과 수분이 분리됩니다. 이런 경우 열을 가해 사용하는 캐러멜이나 생크림을 휘핑해 소스를 만들 때는 사용해도 되지만 케이크에 바르는 아이싱용 크림을 만들 때는 적합하지 않습니다.

견과류 : 실온 또는 냉장 + 밀봉
견과류는 보통 10~14℃ 실온에 보관하며, 여름에는 냉장고나 냉동실에 보관하세요. 다만 냉동실에 보관하면 맛이 떨어집니다. 견과류는 습기에 약하고 공기와 접촉 시 산화되기 때문에 지퍼 팩에 담아 공기를 빼고 밀봉하세요. 보관을 잘못하면 특유의 쩐내와 떫은맛이 납니다.

건과일 : 냉장 + 밀폐 또는 밀봉
종류에 따라 상온 보관도 가능하지만 습기에 약해 냉장 보관하는 것이 좋습니다. 공기와 접촉하면 산화되므로 밀폐 용기나 진공 팩에 담아 비교적 습도가 낮은 일반

칸에 보관합니다. 냉동하면 식이섬유가 손상되고 본래의 맛과 식감이 떨어집니다.

바닐라빈 : 냉장 또는 냉동 + 밀봉·밀폐
한번 사용하고 남은 바닐라빈은 맛의 변질과 건조함을 막기 위해 밀봉하거나 밀폐 용기에 담아 냉장 또는 냉동 보관합니다.
- 냉장 보관 시 : 표면에 반점이나 결정이 생길 수 있는데 이는 바닐라 성분에 의한 것으로 몸에 해롭지 않습니다.
- 냉동 보관 시 : 장기간 보관할 때는 냉동실에 둡니다.

바닐라 페이스트 : 실온 + 밀봉
장기간 냉장고에 보관하면 마르고 굳어 사용할 수 없게 됩니다. 온도 변화가 심한 여름철에만 밀봉 후 냉장 보관하고 그 외에는 서늘하고 어두운 실온에 두는 것이 좋습니다.

바닐라 익스트랙트 : 냉장 + 밀봉
온도에 약하기 때문에 세균 번식을 방지하기 위해 밀봉해 온도가 일정하게 유지되는 냉장고에 보관합니다.

초콜릿 : 실온 + 밀봉
직사광선을 피해 녹지 않도록 실온에 보관합니다. 초콜릿은 카카오 버터를 다량 함유해 습도에 약하며, 공기와 접촉 시 산패되거나 맛이 변질될 우려가 있으므로 밀봉해 최대한 공기 접촉을 줄여야 합니다. 너무 높거나 너무 낮은 온도에서 보관하면 블룸 현상(초콜릿 표면이 하얗게 얼룩덜룩해지는 현상)이 일어나므로 진공 팩에 담아 밀봉하거나 밀폐 용기에 담아 실온에 보관합니다. 단, 여름철에는 냉장고에 보관합니다.

젤라틴 : 실온 + 밀봉
젤라틴은 고온, 습기에 약하며 자외선이 닿으면 불용성으로 변질되기 때문에 밀봉해 서늘하고 어두운 실온에 보관합니다.

케이크 시트 종류

제누아즈 Genoise

제누아즈는 공립법(전란 사용)이나 별립법(달걀흰자의 부피를 키워 반죽에 넣음)으로 만듭니다. 공립법으로 만든 반죽은 기공이 작아 치밀하고 구운 케이크의 식감이 묵직하고 촉촉합니다. 별립법으로 만든 반죽은 기공이 커 구운 케이크의 식감이 폭신합니다. 버터를 넣어 만드는 케이크는 공립법으로 만든 제누아즈를 사용하는 경우가 많습니다. 각종 케이크 시트로 많이 사용합니다.

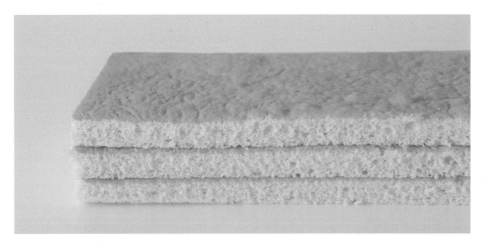

비스퀴 아 라 퀴예르 Biscuit a la Cuillere

달걀노른자와 달걀흰자를 분리한 후 각각 설탕을 넣고 거품을 낸 뒤 박력분과 섞습니다. 짜주머니에 반죽을 담아 짜서 시트 모양을 만들어 오븐에 굽는 것이 일반적입니다. 기공이 크고 성글며 시트가 가볍기 때문에 시럽을 많이 바르는 형태의 케이크에는 적당하지 않습니다. 식감이 가볍고 풍미가 강하지 않아 다양한 케이크 시트로 사용합니다.

비스퀴 조콩드 Biscuit Joconde

비스퀴 조콩드는 밀가루의 분량을 적게 하는 대신 아몬드 가루를 사용해 촉촉함과 부드러움은 유지되면서 아몬드의 고소한 풍미를 냅니다. 약간 단단하고 무거운 식감으로 초콜릿 크림이나 버터크림과 잘 어울립니다. 시럽을 많이 발라도 형태를 유지할 수 있을 정도로 단단한 질감이 특징이라 무스케이크의 바닥 시트로 많이 사용합니다.

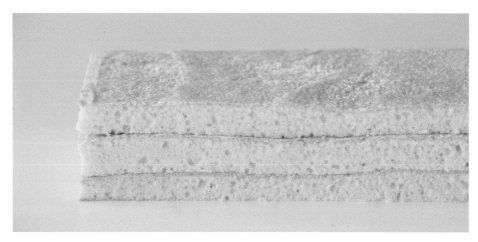

다쿠아즈 Dacquoise

프랑스 남서쪽 닥스 지방에서 유래한 케이크로, 국내에서는 구움과자 종류의 하나로 일컫습니다. 박력분보다 아몬드 가루를 훨씬 많이 사용해 겉이 바삭하고 폭신하며 고소한 풍미를 냅니다. 달걀흰자와 설탕을 휘핑해 만드는 마카롱과 비슷하지만 식감이 조금 더 가볍습니다. 과일 케이크나 무스케이크 시트로 사용합니다.

제누아즈 만들기

틀   15×4.5cm 원형 틀(1호)

재료   박력분 72g
전란 132g
설탕 72g
우유 24g
무염 버터 24g

1   틀에 테플론 시트나 유산지를 재단해 까세요.

2   박력분을 체에 내리세요.

3   볼에 전란과 설탕을 넣고 거품기로 섞으세요.

4   37~38℃ 정도 될 때까지 중탕으로 데우세요.

5   중고속(4단)으로 휘핑하세요.

6   하얘지면서 볼륨이 커질 때까지 휘핑하세요.
   Point 달걀 거품을 조금 떠서 떨어뜨렸을 때 4~5초간 유지되어야 합니다.

7   2분간 저속(1단)으로 기공을 정리하세요.

8   박력분을 한 번 더 체에 내려 넣으세요.

9   주걱으로 반죽을 바닥에서 위로 훑으며 가루를 털면서 충분히 섞으세요.

10   새 볼에 따뜻한 우유와 무염 버터를 넣고 녹이세요(55~60℃).

11   10에 9를 조금 덜어 넣고 주걱으로 완전히 섞으세요.

12   9에 11을 넣고 주걱으로 바닥까지 훑어가며 잘 섞으세요.

13   틀에 반죽을 담고 윗부분을 주걱으로 가볍게 섞으세요.

14   200℃로 예열한 오븐에 170℃로 23~25분간 구우세요. 제누아즈를 바로 틀
   에서 꺼내 식힘 망에 올려 식히세요.

Tip

· 전란은 미리 실온에 꺼내둡니다.

· **3**에서 달걀 온도는 37~38℃(여름철 30~32℃)로 맞추세요. 온도가 낮으면 휘핑
   할 때 부풀지 않아 부피가 작고 식감이 거칠게 됩니다.

· **9**에서 박력분을 넣고 제대로 섞지 않으면 밀가루가 뭉쳐 케이크를 구운 후 잘랐을
   때 밀가루가 듬성듬성 뭉친 것이 보입니다. 바닥에서 위로 훑으며 충분히 섞으세요.

· **10**에서 무염 버터 온도가 낮으면 반죽과 잘 혼합되지 않고, 온도가 높으면 달걀 거
   품이 사그라들어 식감이 거칠게 됩니다.

· **13**에서 팬에 반죽을 담고 윗부분을 주걱으로 정리하는 이유는 **10**의 무염 버터를
   섞은 반죽에 버터가 가라앉아 있으므로 **9**의 반죽과 잘 섞어 제누아즈 윗부분이 얼
   룩지지 않도록 하기 위해서입니다.

· **14**에서 제누아즈를 틀에서 바로 꺼내지 않으면 수축되어 가운데나 옆 부분이 움
   푹 들어가 모양이 예쁘지 않습니다.

비스퀴 아 라 퀴예르 만들기

틀   36×27×2.5cm 롤케이크 팬

재료   달걀노른자 52~54g(3개분)
            설탕 30g
            달걀흰자 110~113g(3개분)
            설탕 50g
            박력분 70g

1   볼에 달걀노른자와 설탕을 넣고 고속(5단)으로 휘핑하세요.

2   연한 미색을 띠며 핸드믹서 날을 들었을 때 무겁게 떨어지는 정도가 될 때까지 휘핑하세요.

3   새 볼에 달걀흰자를 넣고 중속(3단)으로 휘핑하세요.

4   거품(맥주 거품 정도)이 올라오면 설탕 1/3을 넣고 30초간 중속으로 휘핑하세요.

5   다시 설탕 1/3을 넣고 30초간 중속으로 휘핑하세요.

6   남은 설탕 1/3을 넣고 중고속(4단)으로 휘핑하세요.

7   핸드믹서 날을 들었을 때 뭉뚝한 새 부리 모양이 되면 마무리하세요(80% 휘핑한 머랭). → p.35 참고

8   2분간 저속(1단)으로 기공을 정리하세요.

9   **8**에 **2**를 넣고 거품기로 섞으세요.

10   박력분을 체에 내려 넣으세요.

11   가루가 뭉치지 않게 거품기로 완전히 섞어 윤기 있는 반죽을 만드세요.

12   테플론 시트를 깐 팬에 반죽을 담으세요.

13   스크래퍼로 가장자리부터 반죽을 채우세요.

14   스크래퍼로 반죽을 평평하게 펴세요.

15   190℃로 예열한 오븐에 180℃로 9~10분간 구우세요. 비스퀴 아 라 퀴예르를 바로 틀에서 꺼내 식힘 망에 올려 식히세요.

Tip

· 달걀노른자는 미리 실온에 꺼내두고 달걀흰자는 냉장고에 넣어둡니다.

· 달걀노른자를 냉장고에서 꺼내 바로 사용하는 경우 설탕을 섞은 후 중탕으로 28~30℃로 데워 휘핑하세요.

· **11**에서 박력분을 충분히 섞어 윤기 있는 반죽을 만들어야 구웠을 때 부풀다 꺼지지 않고 볼륨 있는 시트가 만들어집니다.

비스퀴 조콩드 만들기

틀　36×27×2.5cm 롤케이크 팬

재료　전란 112g
　　　　아몬드 가루 87g
　　　　슈거 파우더 75g
　　　　박력분 38g
　　　　달걀흰자 100g
　　　　설탕 50g
　　　　무염 버터 25g

1　볼에 전란을 넣고 중고속(4단)으로 휘핑하세요.

2　아몬드 가루, 슈거 파우더, 박력분을 체에 내려 넣으세요.

3　중속(3단)으로 휘핑하세요.

4　연한 미색을 띠며 핸드믹서 날을 들었을 때 무겁게 떨어지는 정도가 될 때까지 휘핑하세요.

5　새 볼에 달걀흰자를 넣고 중속으로 휘핑하세요.

6　거품(맥주 거품 정도)이 올라오면 설탕 1/3을 넣고 30초간 중속으로 휘핑하세요.

7　다시 설탕 1/3을 넣고 30초간 중속으로 휘핑하세요.

8　남은 설탕 1/3을 넣고 중고속(4단)으로 휘핑하세요.

9　핸드믹서 날을 들었을 때 뭉뚝한 새 부리 모양이 되면 마무리하세요(80% 휘핑한 머랭). → p.35 참고

10　2분간 저속(1단)으로 기공을 정리하세요.

11　**4**에 **10**의 머랭 1/2을 넣고 거품기로 섞으세요.

12　**11**의 반죽을 조금 덜어 녹인 무염 버터(40~45℃)에 넣고 섞으세요.

13　**11**에 **12**를 넣고 주걱으로 섞으세요.

14　남은 머랭을 넣고 주걱으로 가볍게 섞으세요.

15　테플론 시트를 깐 팬에 반죽을 담으세요.

16　스크래퍼로 가장자리부터 반죽을 채우세요.

17　스크래퍼로 반죽을 평평하게 펴세요.

18　210℃로 예열한 오븐에 200℃로 7~8분간 구우세요. 비스퀴 조콩드를 바로 틀에서 꺼내 식힘 망에 올려 식히세요.

Tip

- 전란은 미리 실온에 꺼내두고 달걀흰자는 냉장고에 넣어둡니다.
- 아몬드 가루는 신선한 상태의 제품을 사용합니다.
- **15~17**에서 반죽의 볼륨이 꺼지지 않도록 스크래퍼로 빠르게 펴서 오븐에 넣으세요.

틀	36×27×2.5cm 롤케이크 팬

재료	달걀흰자 200g
	설탕 68g
	아몬드 가루 150g
	박력분 20g
	슈거 파우더 84g
	슈거 파우더 적당량(반죽 위에 뿌리기용)

다쿠아즈 만들기

1 볼에 달걀흰자를 넣고 중속(3단)으로 휘핑하세요.

2 거품(맥주 거품 정도)이 올라오면 설탕 1/3을 넣고 30초간 중속으로 휘핑하세요.

3 다시 설탕 1/3을 넣고 30초간 중속으로 휘핑하세요.

4 남은 설탕 1/3을 넣고 중고속(4단)으로 휘핑하세요.

5 핸드믹서 날을 들었을 때 뭉뚝한 새 부리 모양이 되면 마무리하세요(80% 휘핑한 머랭). → p.35 참고

6 2분간 저속(1단)으로 기공을 정리하세요.

7 아몬드 가루, 박력분, 슈거 파우더를 섞은 후 1/2 정도 체에 내려 넣으세요.

8 가루가 조금 보일 때까지 주걱으로 가볍게 섞으세요.

9 남은 가루를 체에 내려 넣고 가루가 뭉치지 않게 완전히 섞어 윤기 있는 반죽을 만드세요.

10 반죽을 짜주머니에 담아 테플론 시트를 깐 팬에 짜세요.

11 스크래퍼로 반죽을 평평하게 펴세요.

12 슈거 파우더를 체에 내려 뿌리고, 흡수되면 다시 한번 뿌리세요.

13 180℃로 예열한 오븐에 170℃로 16~17분간 구우세요. 다쿠아즈를 바로 틀에서 꺼내 식힘 망에 올려 식히세요.

Tip

· 달걀흰자는 냉장고에 넣어둡니다.

· 아몬드 가루, 박력분, 슈거 파우더는 각각 계량해 섞어둡니다.

· **1**에서 실온의 달걀흰자를 휘핑하면 빨리 머랭이 만들어지지만 가루류와 혼합했을 때 금방 거품이 사그라져 볼륨 없는 시트가 만들어집니다.

· 아몬드 가루는 신선한 상태의 제품을 사용합니다.

· **9**에서 가루를 대충 섞을 경우 구울 때 부풀어 오른 것이 나중에 수축되어 볼륨 없는 얇은 다쿠아즈가 만들어지므로 충분히 섞어야 합니다.

· 다쿠아즈 반죽은 가루와 설탕이 많이 들어가므로 반죽을 짜주머니에 담아 짠 후 스크래퍼로 평평하게 밀어 펴면 편리합니다.

머랭 만들기

머랭은 달걀흰자에 설탕을 넣고 휘핑한 거품을 말합니다. 반죽에 넣으면 풍부한 맛을 내는 역할을 해요. 달걀흰자는 반드시 차가운 상태로 준비하고, 설탕은 한꺼번에 넣지 말고 세 번에 나누어 넣으며 휘핑하세요. 한꺼번에 다 넣으면 거품이 잘 일어나지 않는답니다.

1   볼에 차가운 상태의 달걀흰자를 넣고 중속(3단)으로 휘핑하세요.

2   거품(맥주 거품 정도)이 올라오면 설탕 1/3을 넣고 30초간 중속으로 휘핑하세요.

3   다시 설탕 1/3을 넣고 30초간 중속으로 휘핑하세요.

4   남은 설탕 1/3을 넣고 중고속(4단)으로 휘핑하세요.

5   50% 휘핑한 머랭. 설탕이 녹는 단계로, 굵은 거품이 고운 거품으로 바뀝니다.

6   60% 휘핑한 머랭. 핸드믹서 날을 들었을 때 머랭이 살짝 매달려 있는 단계로, 머랭에 결이 생깁니다.

7   70% 휘핑한 머랭. 핸드믹서 날을 들었을 때 짧은 새 부리 모양이 되며, 머랭이 살짝 위로 올라옵니다.

8   80% 휘핑한 머랭. 핸드믹서 날을 들었을 때 뭉뚝한 새 부리 모양이 되며, 머랭 결이 부드럽고 뚜렷합니다.

9   90% 휘핑한 머랭. 핸드믹서 날을 들었을 때 뾰족한 새 부리 모양이 되며, 머랭 결이 단단하고 더욱 선명합니다.

10   100% 휘핑한 머랭. 핸드믹서 날을 들었을 때 부드럽게 뭉쳐 있으며, 머랭 부피가 커집니다.

11   100% 이상 휘핑한 머랭. 단백질과 수분이 분리되어 머랭이 뭉쳐지지 않고 거품이 많아집니다.

크림 만들기

생크림을 휘핑해 케이크 필링용이나 아이싱용, 장식용으로 사용합니다. 생크림은 반드시 차가운 상태로 준비하세요. 얼음을 담은 볼 위에 놓고 휘핑하면 퍼석하지 않고 매끈하면서 단단한 크림을 만들 수 있습니다.

1   얼음을 담은 볼 위에 생크림을 담은 볼을 올려 중속(3단)으로 휘핑하세요.

2   50% 휘핑한 크림. 핸드믹서 날을 들었을 때 주르륵 흘러내린 생크림 자국이 남았다가 금세 흩어집니다.

3   60% 휘핑한 크림. 핸드믹서 날을 들었을 때 무겁게 흘러내린 생크림 자국이 선명하게 남습니다.

4   70% 휘핑한 크림. 핸드믹서 날을 들었을 때 크림이 살짝 위로 올라옵니다.

5   80% 휘핑한 크림. 핸드믹서 날을 들었을 때 부드러운 크림의 결이 선명하게 나타납니다.

6   90% 휘핑한 크림. 핸드믹서 날을 들었을 때 부드러우면서 두꺼운 크림의 결이 뾰족하게 위로 올라옵니다.

7   100% 휘핑한 크림. 핸드믹서 날을 들었을 때 크림의 결이 뭉뚝하게 위로 올라옵니다. 볼을 뒤집어도 크림이 흘러내리지 않습니다.

8   100% 이상 휘핑한 크림. 크림이 아주 거칠고 유지방과 수분이 분리됩니다.

틀 종류와 반죽량 알아보기

틀 종류	틀 크기		부피(ml)	반죽량(g)		
				스펀지케이크	버터케이크	시폰케이크
원형 틀	1호	15×4.5cm	795	157	331	169
	2호	18×4.5cm	1,145	227	477	243
	3호	21×4.5cm	1,558	309	649	331
높은 원형 틀	1호	15×7cm	1,236	245	515	262
	2호	18×7cm	1,780	352	742	378
	3호	21×7cm	2,423	480	1,010	514
정사각 틀	1호	13.5×13.5×4.5cm	820	162	342	174
	2호	16.5×16.5×4.5cm	1,225	243	510	260
	3호	19.5×19.5×4.5cm	1,711	339	713	363
높은 정사각 틀	1호	13.5×13.5×7cm	1,275	252	531	271
	2호	16.5×16.5×7cm	1,906	377	794	405
	3호	19.5×19.5×7cm	2,662	527	1,109	565
직사각 틀	오란다 소	13×5.5×5cm	358	71	149	76
	오란다 중	15.6×7.6×6.5cm	771	153	321	164
	신파운드 소	14×6.2×4.5cm	391	77	163	83
	신파운드 중	21.7×9.5×6cm	1,237	245	515	263
롤케이크 팬	1/2 팬	39×29×4.5cm	5,090	1,008	2,121	1,081
	쿠키 팬	36×27×2.5cm	2,430	481	1,013	516
시폰 틀	미니	바깥 틀 10.5×9×8cm / 기둥 2×3×8cm	557	110	232	118
	1호	바깥 틀 15×14×7.5cm / 기둥 4.7×3×7.5cm	1,308	259	545	277
	2호	바깥 틀 18×17×8cm / 기둥 5×4×8cm	1,796	356	748	381
	3호	바깥 틀 21×20×9.5cm / 기둥 4.75×5.2×9.5cm	2,105	417	877	446

※틀 크기에서 원형 틀은 지름×높이, 사각 틀과 롤케이크 팬은 가로×세로×높이, 시폰 틀은 위 지름×아래 지름×높이로 표기했음.

틀에 따른 부피 구하기

이 책에서 사용한 틀과 다른 틀로 케이크를 만드는 경우 재료의 분량도 달라져야 합니다. 틀에 따라 필요한 반죽량을 계산하는 공식을 알아두면 유용합니다. 아래 공식에 대입하면 반죽이 남거나 부족하지 않고 틀에 맞는 분량을 계산할 수 있습니다.

• **틀 부피 공식**

원형 틀 부피 공식 :
반지름 × 반지름 × 3.14 × 높이

정사각 틀·직사각 틀·롤케이크 팬 부피 공식 :
가로 × 세로 × 높이

시폰 틀 부피 공식 :
실제 틀 부피 = 바깥 틀 부피 - 기둥 부피

바깥 틀 부피 = 평균 반지름 × 평균 반지름 × 3.14 × 높이
기둥 부피 = 평균 반지름 × 평균 반지름 × 3.14 × 높이
※평균 반지름 = (위 지름 + 아래 지름) ÷ 4

• **비용적**(반죽 1g당 틀 부피, 단위 cm³/g)

스펀지케이크	버터케이크	시폰케이크
5.05	2.40	4.71

• **반죽량 공식**
  틀 부피 ÷ 비용적

틀에 맞는 반죽량 계산하기

원형 틀 1호(지름 15cm, 높이 4.5cm)

틀 부피 : 7.5cm(반지름) × 7.5cm(반지름) × 3.14 × 4.5cm(높이) = 795ml

반죽량 : 795ml(틀 부피) ÷ 5.05(스펀지케이크 비용적) = 157ml

정사각 틀 1호(가로 13.5cm, 세로 13.5cm, 높이 4.5cm)

틀 부피 : 13.5cm(가로) × 13.5cm(세로) × 4.5cm(높이) = 820ml

반죽량 : 820ml(틀 부피) ÷ 2.40(버터케이크 비용적) = 342ml

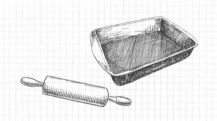

시폰 틀 2호(바깥 틀 : 위 지름 18cm, 아래 지름 17cm, 높이 8cm / 기둥 : 위 지름 4cm, 아래 지름 5cm, 높이 8cm)

※위가 넓고 아래가 좁은 사다리꼴 틀 기준

바깥 틀 부피 : 8.75cm(평균 반지름) × 8.75cm(평균 반지름) × 3.14 × 8cm(높이) = 1,923ml

기둥 부피 : 2.25cm(평균 반지름) × 2.25cm(평균 반지름) × 3.14 × 8cm(높이) = 127ml

↓

틀 부피 : 1,923ml(바깥 틀 부피) - 127ml(기둥 부피) = 1,796ml

반죽량 : 1,796ml(틀 부피) ÷ 4.71(시폰케이크 비용적) = 381ml

1. 틀 모양은 같고 크기가 다른 경우 반죽량 계산하기

▶ **원형 틀 1호를 사용한 레시피를 원형 틀 3호로 만들 때**

① p.38 표를 보고 각 틀의 부피를 확인합니다.

원형 틀 1호 부피 795ml, 원형 틀 3호 부피 1,558ml

② 원형 틀 3호의 부피를 원형 틀 1호의 부피로 나눕니다.

1,558ml ÷ 795ml = 1.95(소수점 둘째 자리까지)

③ 1.95를 기존 재료의 분량(원형 틀 1호)에 각각 곱해 필요한 분량을 계량합니다.

1.95 × 기존 재료의 분량 = 필요한 분량

▶ **원형 틀 3호를 사용한 레시피를 원형 틀 1호로 만들 때**

795ml ÷ 1,558ml = 0.51을 기존 재료(원형 틀 3호)의 분량에 각각 곱해 필요한 분량을 계량합니다.

2. 틀 모양과 크기가 다른 경우 반죽량 계산하기

▶ **정사각 틀 1호를 사용한 레시피를 높은 원형 틀 2호로 만들 때**

① p.38의 표를 보고 각 틀의 부피를 확인합니다.

정사각 틀 1호의 부피 820ml, 높은 원형 틀 2호의 부피 1,780ml

② 높은 원형 틀 2호의 부피를 정사각 틀 1호의 부피로 나눕니다.

1,780ml ÷ 820ml = 2.17(소수점 둘째 자리까지)

③ 2.17을 기존 재료의 분량(정사각 틀 1호)에 각각 곱해 필요한 분량을 계량합니다.

2.17 × 기존 재료의 분량 = 필요한 분량

▶ **높은 원형 틀 2호를 사용한 레시피를 정사각 틀 1호로 만들 때**

820ml ÷ 1,780ml = 0.46을 기존 재료의 분량(높은 원형 틀 2호)에 각각 곱해 필요한 분량을 계량합니다.

반죽 비중 확인하기

반죽할 때 "적당히 섞으세요"라는 말이 자주 나오는데, 여기에서 '적당히'가 어느 정도인지 헷갈리실 거예요. 반죽을 섞을 때 비중을 체크하면 실패 확률을 줄이고 완성도 높은 제품을 만들 수 있습니다. 이 책에서 소개하는 주요 케이크의 반죽 비중과 계산법을 알려드릴게요.

- **케이크 종류에 따른 비중**

케이크 종류	비중	케이크 종류	비중
파운드케이크	0.8~0.9	버터 스펀지케이크(제누아즈)	0.45~0.55
치즈케이크	0.7~0.8	소프트 롤케이크·시폰케이크	0.45~0.5

- **반죽의 비중 체크하기**(시폰케이크 기준)

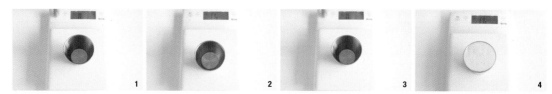

① 저울에 비중컵을 올리고 0으로 만드세요. 비중컵은 집에 있는 컵으로 대체해도 됩니다.
② 비중컵에 물을 가득 부은 후 물 무게를 재세요. → 93g
③ 물을 버리고 다시 비중컵을 올려 0으로 만드세요.
④ 반죽을 채워 평평하게 만든 후 무게를 재세요. → 43g

↓

비중 공식 : 반죽 무게(43g) ÷ 물 무게(93g) = 시폰케이크 반죽의 적정 비중(0.46)

- **반죽 상태 확인하기**

① 비중이 높다 → 반죽이 무겁다
- 많이 섞거나 적게 휘핑한 경우입니다.
- 기공이 조밀하고 조직이 무거워 구웠을 때 부피가 작고 퍽퍽하며 떡진 식감이 느껴집니다.
- 버터를 넣은 반죽일 때 비중이 높아지기 쉽습니다.

② 비중이 낮다 → 반죽이 가볍다
- 적게 섞거나 많이 휘핑한 경우입니다.
- 기공이 크고 조직이 거칠어 구웠을 때 부피가 크며 푹 꺼집니다.
- 달걀을 넣은 반죽일 때 비중이 낮아지기 쉽습니다.

※비중이 낮은 경우 반죽을 조금 더 섞어 비중을 높일 수 있으나 비중이 높은 경우에는 낮출 수 없습니다.

제누아즈 반죽을 만든다고 가정해보세요. 달걀과 설탕을 넣고 핸드믹서로 거품을 낸 후 박력분(가루류)과 녹인 버터를 넣고 섞어 비중을 쟀는데 0.4가 나왔습니다. 주걱으로 반죽을 조금 더 섞어 공기를 빼면 반죽이 무거워집니다. 이때 다시 비중을 재서 0.48이 나왔다면 적당한 비중이 된 것입니다. 반대로 반죽을 섞은 후 비중을 재서 0.6이 나왔다면 많이 섞어 반죽의 공기가 빠져 무거워진 상태입니다. 제누아즈 반죽의 적정 비중인 0.45~0.55를 넘었고 계속 섞으면 반죽이 더 무거워지므로 적당한 제누아즈를 구울 수 없습니다.

제과에서 주로 사용하는 크렘(크림) 종류

주재료	크렘명		특징	용도	응용 가능한 케이크
달걀	크렘 파티시에르 Crème Pâtissière	달걀노른자 +우유+전분	달걀노른자, 우유, 전분을 끓인 크림으로 커스터드 크림이라고 함. 크림 농도로 맞춤.	다양한 크림의 베이스	p.104 고구마 케이크, p.280 레드벨벳 딸기 케이크, p.290 레드벨벳 프레지에
	크렘 앙글레즈 Crème Anglaise	달걀노른자 +우유	달걀노른자, 우유를 끓인 크림. 온도 82℃로 맞춤.	다양한 크림의 베이스	p.78 호두 흑당 사과 케이크
	파트 아 봄브 Pâte à bombe	달걀노른자 +시럽	달걀노른자, 시럽을 끓인 크림. 시럽 온도 118~120℃로 맞춤.	다양한 크림의 베이스	p.124 자몽 화이트 무스케이크
생크림	크렘 샹티 Crème Chantilly	생크림+설탕	유지방 30~40% 생크림, 설탕을 휘핑한 크림.	생크림케이크, 롤케이크	p.96 인절미 쑥 쇼콜라 가토, p.194 딸기 카스텔라 롤케이크, p.202 말차 가나슈 롤케이크
	크렘 푸에테 Crème Fouettée	생크림	생크림만 휘핑한 크림.	앙트르메 Entremets	p.114 바닐라 밀크티 캐러멜 케이크, p.124 자몽 화이트 무스케이크, p.248 더블 치즈 티라미수 케이크, p.253 오레오 치즈케이크, p.280 레드벨벳 딸기 케이크
	크렘 디플로마트 Crème Diplomate	크렘 파티시에르 +크렘 푸에테 +젤라틴	크렘 파티시에르와 크렘 푸에테를 2:1로 휘핑한 크림. 보통 크렘 디플로마트라고 함. 바닐라의 풍미와 우유가 어우러져 부드러운 맛이 나며 윤기 있고 쫀쫀한 텍스처가 특징.	샌드용·충전용·인서트 크림(앙트르메, 밀푀유, 슈 충전물, 생토노레)	p.280 레드벨벳 딸기 케이크, p.290 레드벨벳 프레지에
	크렘 레제 Crème Légère	크렘 파티시에르 +크렘 푸에테			
	크렘 가나슈 Crème Ganache	가나슈 휩크림 (몽테 Montee 크림)	커버추어+생크림	하루 동안 냉장 숙성한 후 휘핑한 크림(퓌레 등을 추가하기도 함). 커버추어보다 생크림 비율이 높고 탄력 있으면서 부드러운 텍스처임.	장식용 크림, 앙트르메	p.88 트로피컬 체리 케이크, p.114 바닐라 밀크티 캐러멜 케이크, p.124 자몽 화이트 무스케이크, p.146 바닐라 파운드케이크, p.264 바질 무화과 케이크
		가나슈	커버추어+생크림	녹인 커버추어와 따듯한 생크림을 섞은 초콜릿 크림. 용도에 따라 농도를 조절해 사용함(버터, 물엿 등을 추가하기도 함).	샌드용·충전용	p.62 자허 초콜릿 케이크, p.96 인절미 쑥 쇼콜라 가토
버터	크렘 오 뵈르 Crème au Beurre	이탈리안 머랭 +버터		이탈리안 머랭과 버터 온도를 20~25℃에 맞춰 휘핑한 크림. 달걀노른자를 넣은 크림에 비해 깔끔하고 담백한 풍미가 특징.	샌드용·충전용·인서트 크림(버터크림 케이크)	p.46 빅토리아 케이크
		파트 아 봄브 +버터		파트 아 봄브와 버터 온도를 20~25℃에 맞춰 휘핑한 크림. 버터를 넣은 다른 크림에 비해 풍미가 깊고 진한 맛이 특징.	충전용·인서트 크림 (모카 케이크, 오페라케이크, 뷔슈 드 노엘)	p.70 모카 헤이즐넛 케이크
		크렘 앙글레즈 +버터		크렘 앙글레즈와 버터 온도를 20~25℃에 맞춰 휘핑한 크림. 우유의 풍미가 강하고 수분 함량이 높아 입안에서 부드럽게 녹으며 깔끔한 맛이 남.	샌드용·충전용· 인서트 크림	–
	크렘 무슬린 Crème Mousseline	크렘 파티시에르 +버터		크렘 파티시에르와 버터를 2:1로 휘핑한 크림. 식감에 따라 양을 조절할 수 있음. 식감은 크렘 오 뵈르보다 가볍고 크렘 파티시에르보다 무거움.	버터 크림케이크, 인서트 크림(프레지에)	p.104 고구마 케이크
아몬드 가루	크렘 다망드 Crème d'amande	아몬드 크림		버터, 설탕, 달걀, 아몬드 가루를 휘핑한 크림. 아몬드 특유의 고소한 맛이 남.	충전용 크림 (파이, 타르트셀)	–
	크렘 프랑지판 Crème Frangipane	크렘 파티시에르 +크렘 다망드		크렘 파티시에르와 크렘 다망드를 1:2로 휘핑한 크림. 아몬드 가루의 고소함이 느껴지고 수분 함량이 높아 식감이 촉촉하고 부드러움.	충전용 크림 (타르트, 갈레트, 가토 바스크)	–
기타	크렘 시부스트 Crème Chiboust	크렘 파티시에르 +이탈리안 머랭		크렘 파티시에르를 끓인 후 바로 이탈리안 머랭을 넣고 섞은 크림. 가볍고 부드럽고 식감이 특징.	충전용·인서트 크림 (타르트, 앙트르메)	–

Part 1

모든 날을 스위트하게!
홀케이크

요즘 카페에서 많이 선보이는 디저트 중 하나인 빅토리아 케이크.
폭신한 케이크 사이 이탈리안 버터크림과 라즈베리 잼을 바르고 딸기와 체리를 듬뿍 올려 사랑스럽게 연출했어요.
영국 빅토리아 여왕처럼 애프터눈 티와 함께 즐겨보세요.

빅토리아 케이크

베리류

버터케이크 시트

이탈리안 버터크림

라즈베리 잼

난이도
중

틀 종류
15×4.5cm 원형 틀(1호) 2개

보관 기간
냉장 5~6일

오븐 온도와 시간
일반 오븐 : 170℃ 28~32분
컨벡션 오븐 : 170℃ 24~27분

재료 ————

버터케이크 시트
무염 버터 140g
설탕 60g
슈거 파우더 60g
전란 165~168g(3개)
럼주 20g
꿀 30g
박력분 140g
아몬드 가루 40g
베이킹파우더 4g
소금 1꼬집

이탈리안 버터크림
달걀흰자 60g
설탕 90g
물 27g
무염 버터 200g

라즈베리 잼(시판용 대체 가능)
냉동 라즈베리 125g
설탕 70g
펙틴(잼용) 2g
레몬즙 1/2큰술(7g)

베리류(딸기, 블루베리, 체리)
적당량

사전 준비 ————

• 깍둑썰기한 무염 버터, 전란은 미리 실온에 꺼내두고 달걀흰자는 냉장고에 넣어둡니다.
• 틀 2개에 테플론 시트나 유산지를 재단해 깔아둡니다.
• 오븐은 굽는 온도보다 10℃ 높은 180℃로 예열합니다.

1 볼에 무염 버터를 넣고 부드럽게 푸세요.

2 설탕과 슈거 파우더를 넣고 하얘지면서 볼륨이 커질 때까지 고속(5단)으로 휘핑하세요.

3 전란을 풀어 6~7번에 나누어 넣으면서 그때마다 충분히 휘 핑하세요.

4 럼주에 꿀을 섞어 **3**에 넣고 중속(3단)으로 가볍게 휘핑하세요.

5 박력분, 아몬드 가루, 소금, 베이킹파우더를 체에 내려 넣으세요.

6 주걱을 세워 가르듯 가볍게 섞으세요.

7 반죽을 틀 2개에 1/2씩 나눠 담으세요.
Point 반죽을 넣은 후 틀을 바닥에 2~3번 내리쳐 공기를 빼세요.

8 미리 예열한 오븐에 170℃로 28~32분간 구운 후 바로 틀에서 꺼내 완전히 식히세요.

이탈리안 버터크림 만들기 ─○

1 볼에 달걀흰자를 넣고 휘핑하세요.

2 80% 휘핑한 부드러운 머랭이 되면 마무리하세요.

3 냄비에 설탕과 물을 넣고 중불에 올려 118℃가 될 때까지 끓이세요.

4 **2**에 **3**을 조금씩 계속 넣으면서 중속(3단)으로 휘핑하세요.
Point 시럽이 식으면서 덩어리지니 끊기지 않게 넣으세요.

5   **3**을 다 넣은 후에는 고속(5단)으로 휘핑하세요.

6   미지근한 정도(20~23℃)가 될 때까지 휘핑해 윤기 있고 부드러운 머랭을 만드세요.

7   **6**에 깍둑썰기한 무염 버터 200g(20~23℃)을 5~6번에 나누어 넣으면서 그때마다 중속(3단)으로 휘핑하세요.
Point   고속(5단)으로 휘핑하면 공기가 많이 들어가 크림이 거칠어지기 때문에 중속으로 휘핑해야 합니다.

라 즈 베 리 잼 만 들 기

1   볼에 설탕과 펙틴을 넣고 섞으세요.
Point   펙틴을 그대로 넣고 끓이면 덩어리지니 설탕에 섞어 사용하세요.

2   냄비에 냉동 라즈베리와 **1**을 넣고 중불에 올려 주걱으로 저어가며 끓이세요.

3 주걱으로 떴을 때 살짝 무겁게 떨어지는 정도가 될 때까지 졸인 후 레몬즙을 넣어 섞고 불에서 내리세요.

4 주걱으로 떴을 때 잼이 무겁게 뚝 떨어지는 정도가 될 때까지 완전히 식히세요.

마무리

1 케이크 시트 1장의 볼록한 윗면을 빵칼로 얇게 잘라 평평하게 만드세요.

2 라즈베리 잼 1/2을 올려 스패출러로 평평하게 펴 바르세요.

3 이탈리안 버터크림 1/2을 펴 바르세요.

4 나머지 케이크 시트 1장은 볼록한 윗면을 빵칼로 저미듯이 평평하게 자르고 **3**에 올린 후 남은 라즈베리 잼을 펴 바르세요.

5 남은 이탈리안 버터크림을 펴 바르세요.

6 준비한 베리류를 올려 예쁘게 장식하세요.

부드러운 당근 케이크

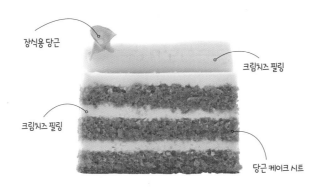

장식용 당근

크림치즈 필링

크림치즈 필링

당근 케이크 시트

난이도
하

틀 종류
15×5cm 정사각 무스 틀(1호)
1개

보관 기간
냉장 3~4일

오븐 온도와 시간
일반 오븐 : 170℃ 38~43분
컨벡션 오븐 : 170℃ 35~40분

재료 ───────

당근 케이크 시트
당근 180g
전란 116g(2개)
흑설탕 100g
식물성 오일(카놀라유, 포도씨유)
125g
박력분 155g
시나몬 가루 3g

생강가루 1g
소금 1g
베이킹파우더 5g
베이킹소다 2g

크림치즈 필링
크림치즈 400g
무염 버터 100g
슈거 파우더 130g
생크림 40g

장식용 당근 1/3개
시나몬 가루 적당량

사전 준비 ───────

• 전란, 크림치즈, 깍둑썰기한 무염 버터, 생크림은 미리 실온에 꺼내둡니다.
• 틀에 유산지를 재단해 깔아둡니다.
• 오븐은 굽는 온도보다 10℃ 높은 180℃로 예열합니다.

보통 당근 케이크는 식감이 묵직한 편이지만 달걀 거품을 풍성하게 내서 만들면 촉촉한 식감을 즐길 수 있어요.
당근을 구워 꽃을 뿌린 것처럼 우아하게 연출해보세요.

1 당근 껍질을 벗겨 동그란 모양으로 얇게 슬라이스해 테플론 시트를 깐 오븐 팬에 올리세요.

2 예열하지 않은 오븐에 100℃로 35~45분간 구우세요.

1 채칼을 이용해 당근을 가늘게 채 써세요.

2 볼에 전란을 넣고 거품기로 가볍게 푼 다음 흑설탕을 넣으세요.

3 **2**를 중탕(38~40℃)으로 녹이세요.

4 불에서 내려 고속(5단)으로 휘핑하세요.

5 색이 밝아지고 살짝 무겁게 떨어지는 정도가 되면 마무리하세요.

6 식물성 오일을 넣고 거품기로 섞으세요.

7 1의 채 썬 당근을 넣고 주걱으로 섞으세요.

8 박력분, 시나몬 가루, 생강가루, 소금, 베이킹파우더, 베이킹소다를 체에 내려 넣으세요.

9 가루가 보이지 않을 때까지 주걱으로 섞으세요.

10 테플론 시트를 깐 오븐 팬에 틀을 올리고 반죽을 넣으세요. 미리 예열한 오븐에 170℃로 38~43분간 구운 후 바로 틀을 위로 들어 올려 제거하고 완전히 식히세요.

11 높이 1cm 각봉 2개를 케이크 시트 위아래에 놓고 빵칼로 총 4장으로 자르세요.

12 맨 윗장은 제외하고 3장만 사용합니다.

크림치즈 필링 만들기 ──────○

1 볼에 크림치즈를 넣고 뭉친 데가 없도록 거품기로 푸세요.

2 무염 버터를 넣고 완전히 풀어지도록 섞으세요.

3 슈거 파우더를 넣고 반죽이 매끈해질 때까지 섞으세요.

4 휘핑하지 않은 생크림을 넣어 거품기로 섞고 주걱으로 볼 가장자리를 정리하세요.

1 미리 잘라둔 케이크 시트 1장을 틀에 까세요.
Point 시트가 얇고 부드러워 부서지기 쉬우니 시트 밑에 스크래퍼를 받치고 옮기세요.

2 짜주머니에 크림치즈 필링을 담아 **1** 위에 사진과 같이 짜세요. 나머지 케이크 시트 2장도 이와 같이 반복하세요.

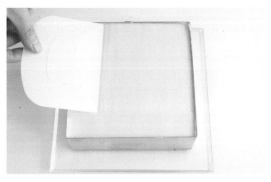

3 윗면을 스크래퍼로 매끈하게 펴서 냉장고에 2시간 정도 넣어두세요.

4 냉장고에서 케이크를 꺼내 뜨거운 물수건으로 틀을 감싼 다음 위로 들어 올려 제거하세요.
Point 틀이 따뜻해지면서 단단했던 크림이 부드러워져 쉽게 분리됩니다.

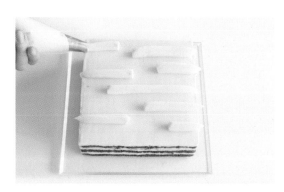

5 **2**의 짜주머니에 시폰 깍지(480번)를 끼우고 사진과 같이 짜세요.

6 따듯하게 데운 빵칼로 사방을 잘라 매끈하게 정리하세요.
Point 뜨거운 물에 빵칼을 잠시 담갔다가 물기를 제거한 후 사용하세요.

7 자르고 남은 케이크 시트 적당량을 체에 올린 후 주걱으로
으깨 가루를 만드세요.

8 장식용 당근을 적당히 올리세요. **7**을 체에 내려 군데군데
뿌린 후 시나몬 가루를 뿌리세요.

초콜릿을 좋아하는 분들의 마음을 사로잡는 케이크를 소개해요.
초콜릿 케이크 시트에 코코아 시럽과 가나슈를 층층이 쌓은 다음 초콜릿으로 코팅했어요.
쌉쌀한 아메리카노와 함께 강렬한 달콤함에 빠져보세요.

∘ Whole Cake ∘

자허 초콜릿 케이크

초콜릿 케이크 시트

코코아 시럽+가나슈

난이도
중

틀 종류
16.5×4.5cm 정사각 틀(2호)
1개

보관 기간
냉장 3~4일

오븐 온도와 시간
일반 오븐 : 165℃ 40~45분
컨벡션 오븐 : 165℃ 37~42분

재료 ─────

초콜릿 케이크 시트
다크 초콜릿 커버추어 106g
무염 버터 85g
달걀노른자 76g
설탕 42g
달걀흰자 157g
설탕 74g
박력분 74g
코코아 가루 11g

코코아 시럽
설탕 35g
물 70g
코코아 가루 5g

가나슈
생크림 175g
다크 초콜릿 커버추어 175g
밀크 초콜릿 커버추어 15g

카카오닙스 12g
금 펄 (또는 금박) 적당량

사전 준비 ─────
• 깍둑썰기한 무염 버터, 달걀노른자는 미리 실온에 꺼내두고 달걀흰자는 냉장고에 넣어둡니다.
• 박력분과 코코아 가루는 체에 내립니다.
• 틀에 유산지를 재단해 깔아둡니다.
• 오븐은 굽는 온도보다 10℃ 높은 175℃로 예열합니다.

1 볼에 다크 초콜릿 커버추어와 무염 버터를 넣으세요.

2 중탕이나 전자레인지로 2/3 정도 녹인 후 완전히 유화될 때까지 주걱으로 섞으세요.

3 새 볼에 달걀노른자와 설탕 42g을 넣으세요.

4 연한 미색을 띠며 무겁게 떨어지는 정도가 될 때까지 고속(5단)으로 휘핑하세요.

5 새 볼에 달걀흰자를 넣고 중속(3단)으로 휘핑하세요.

6 거품(맥주 거품 정도)이 올라오면 설탕 74g의 1/3을 넣고 30초간 중속으로 휘핑하세요.

7 다시 설탕 1/3을 넣고 30초간 중속으로 휘핑하세요.

8 남은 설탕 1/3을 넣고 중고속(4단)으로 휘핑하세요. 핸드 믹서 날을 들었을 때 뾰족한 새 부리 모양이 되면 마무리하세요(90% 휘핑한 머랭). → p.35 참고

9 2분간 저속(1단)으로 기공을 정리하세요.

10 **4**에 **2**를 넣고 거품기로 섞으세요.

11 **10**에 **9**의 머랭 1/3을 넣고 거품기로 섞으세요.

12 박력분과 코코아 가루를 넣고 가루가 보이지 않을 때까지 주 걱으로 섞으세요.

13 남은 머랭을 넣고 주걱으로 바닥을 훑어가며 하얀 머랭이 보이지 않을 때까지 가볍게 섞으세요.

14 틀에 반죽을 넣고 미리 예열한 오븐에 165℃로 40~45분간 구운 후 바로 틀에서 꺼내 완전히 식히세요.
Point 반죽을 넣은 후 틀을 바닥에 2~3번 내리쳐 공기를 빼세요.

코코아 시럽 만들기 ──

1 볼에 설탕과 물을 넣고 설탕이 녹을 때까지 끓이세요.

2 설탕이 완전히 녹으면 코코아 가루를 넣고 덩어리가 없게 거품기로 푸세요.

가나슈 만들기 ──

1 볼에 다크 초콜릿 커버추어와 밀크 초콜릿 커버추어를 넣고 뜨겁게 데운 생크림(70~75℃)을 넣으세요.
Point 완전히 녹지 않으면 전자레인지에 살짝 돌려 녹이세요.

2 볼 가운데를 중심으로 완전히 유화되도록 주걱으로 잘 저으세요.

3 가나슈 2/3는 샌딩용(24~25℃), 1/3은 장식용(31~32℃)으로 나누세요.

마무리

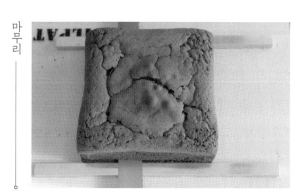

1 높이 1cm 각봉 2개를 케이크 시트 위아래에 놓고 빵칼로 총 5장으로 자르세요. 맨 윗장은 제외하고 4장만 사용합니다.

2 평평한 받침 위에 케이크 시트를 1장 올리고 코코아 시럽을 바르세요.

3 2 위에 샌딩용 가나슈를 적당량 올리고 스패출러로 펴 바르세요. 케이크 시트 2장도 이와 같이 반복하세요.

4 장식용 가나슈에 카카오닙스를 넣고 주걱으로 섞으세요.
Point 장식용 가나슈 온도가 낮아지면 전자레인지에 돌려 사용하세요.

5 3에 나머지 케이크 시트 1장을 올린 후 코코아 시럽을 바르고 **4**를 적당량 올리세요.

6 스패출러로 평평하게 펴 바르고 냉장고에 40분~1시간 정도 넣어두세요.

7 따뜻하게 데운 빵칼로 사방을 잘라 매끈하게 정리하세요.
Point 뜨거운 물에 빵칼을 잠시 담갔다가 물기를 제거한 후 사용하세요.

8 금 펄을 솔에 묻혀 사진과 같은 모양으로 바르세요.

⟨ **Baking Tip** ⟩

- 초콜릿 케이크는 높은 온도에서 금방 굽는 것보다 낮은 온도에서 오래 구워야 촉촉함이 유지됩니다.

- 초콜릿 커버추어가 들어간 초콜릿 케이크 시트가 잘 구워졌는지 확인하려면 이쑤시개나 꼬치로 찔러보면 됩니다.

  – 아무것도 안 묻어 나오면 : 너무 구운 것
  – 케이크 가루가 묻어 나오면 : 적당히 잘 구운 것
  – 살짝 두껍게 반죽이 묻어 나오면 : 조금 덜 익은 것 (이 상태에서 케이크 시트가 식으면 가운데 부분이 꺼짐)

- 가나슈의 온도를 맞추는 게 중요합니다. 온도가 높으면 얇게 발리고, 온도가 낮으면 질감이 뻑뻑해서 잘 발리지 않거든요. 온도계가 없을 경우 샌딩용은 두껍게 주르륵 떨어지는 정도, 장식용은 가볍게 주르륵 떨어지는 정도면 됩니다.

모카 헤이즐넛 케이크

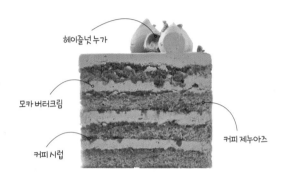

헤이즐넛 누가

모카 버터크림

커피 시럽

커피 제누아즈

난이도
중

틀 종류
15×7cm 원형 틀(1호) 1개

보관 기간
냉장 4~5일

오븐 온도와 시간
일반 오븐 : 170℃ 25~28분
컨벡션 오븐 : 170℃ 23~25분

재료 ─────────

커피 제누아즈
전란 154g
설탕 84g
박력분 84g
우유 33g
인스턴트커피(카누, 이과수커피)
4g
무염 버터 28g

모카 버터크림
달걀노른자 90g(5개분)
설탕 156g
물 70g
무염 버터 250g
커피 엑기스 30~35g

헤이즐넛 누가
헤이즐넛 80g
설탕 80g
물 17g

커피시럽
설탕 45g
물 90g
인스턴트커피 4g

사전 준비 ─────────

• 전란, 깍둑썰기한 무염 버터, 달걀노른자는 미리 실온에 꺼내둡니다.
• 박력분은 체에 내립니다.
• 틀에 테플론 시트나 유산지를 재단해 깔아둡니다.
• 헤이즐넛은 180℃로 예열한 오븐에 170℃로 6~7분간 구워둡니다.
• 오븐은 굽는 온도보다 30℃ 높은 200℃로 예열합니다.

은은한 커피 한 모금을 머금은 듯한 향과 풍미를 즐길 수 있는 케이크예요.
시트 사이사이에 달콤 바삭하게 만든 헤이즐넛 누가를 넣어 식감을 더해줍니다.

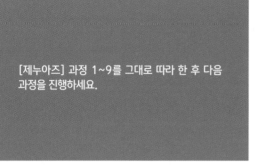

[제누아즈] 과정 1~9를 그대로 따라 한 후 다음 과정을 진행하세요.

1 제누아즈 만들기 p.26~27 참고

2 새 볼에 우유를 붓고 데운 후(40~45℃) 인스턴트 커피를 넣어 녹인 다음 제누아즈 반죽에 넣고 섞으세요.
Point 인스턴트커피는 커피 외에 다른 첨가물이 없는 제품을 사용하세요.

3 새 볼에 무염 버터를 넣어 녹인(58~60℃) 후 **2**의 반죽을 조금 덜어 완전히 섞으세요.

4 남은 반죽에 **3**을 넣고 섞으세요.

5 틀에 반죽을 넣고 미리 예열한 오븐에 170℃로 25~28분 간 구운 후 바로 틀에서 꺼내 완전히 식히세요.
Point 반죽을 넣은 후 틀을 바닥에 2~3번 내리쳐 공기를 빼세요.

1 볼에 달걀노른자를 넣고, 미색을 띠며 살짝 무겁게 흐르는 정도가 될 때까지 고속(5단)으로 휘핑하세요.

2 냄비에 설탕과 물을 넣고 중불에 올려 117~118℃가 될 때까지 끓이세요.

3 **1**에 **2**를 조금씩 계속 넣으면서 중속(3단)으로 휘핑하세요.
Point 시럽이 식으면서 덩어리지니 끊기지 않게 넣으세요.

4 색이 뽀얘지면서 무겁게 흐르는 정도가 될 때까지 고속으로 휘핑하세요(20~25℃). → 과정 1~4를 파트 아 봄브라고 합니다. p.43참고

5 **4**에 깍둑썰기한 무염 버터(20~23℃)를 4~5번에 나누어 넣으면서 그때마다 중속(3단)으로 휘핑하세요.
Point 고속(5단)으로 휘핑하면 공기가 많이 들어가 크림이 거칠어지기 때문에 중속으로 휘핑해야 합니다.

6 커피 엑기스를 넣고 중속으로 휘핑한 후 주걱으로 볼 가장자리를 정리하세요.

1 냄비에 설탕과 물을 넣고 중불에 올려 117~118℃가 될 때까지 끓이세요.

2 불에서 내린 후 구운 헤이즐넛을 넣고 헤이즐넛이 하얗게 코팅될 때까지 주걱으로 섞으세요.

3 다시 중불에 올려 헤이즐넛이 갈색이 될 때까지 저으면서 끓이세요.

4 실리콘 매트나 테플론 시트 위에 **3**을 부어 펼치세요.
Point 유산지는 들러붙으니 사용하지 마세요.

5 완전히 굳기 전에 장식용(1/5 정도)은 한 알씩 따로 떼어놓고, 나머지는 완전히 굳힌 후 적당한 크기로 자르세요.

6 장식용을 제외하고 헤이즐넛 누가를 푸드 프로세서에 넣고 가세요.

1 볼에 설탕과 물을 넣고 설탕이 녹을 때까지 끓인 후 인스턴트커피를 넣으세요.

2 인스턴트커피를 녹인 후 완전히 식히세요.

1 높이 1cm 각봉 2개를 제누아즈 위아래에 놓고 빵칼로 총 5장으로 자르세요. 맨 윗장은 제외하고 4장만 사용합니다.

2 케이크 돌림판 위에 제누아즈를 1장 올리고 커피시럽을 바르세요.

3 모카 버터크림을 1/7 정도 올리세요.

4 케이크 돌림판을 돌려가며 스패출러로 평평하게 펴 발라세요.

5 갈아둔 헤이즐넛 누가 1/3을 골고루 뿌리세요.

6 제누아즈 2장도 **2~5**를 반복하세요.

7 나머지 제누아즈를 1장 올리고 커피시럽을 바른 후 모카 버터크림을 3/7 정도 올리세요.

8 케이크 돌림판을 돌려가며 스패출러로 평평하게 펴 바르세요.

9 옆면에도 모카 버터크림을 조금씩 펴 바르며 매끈하게 정리하세요.

10 가장자리에 솟은 모카 버터크림은 스패출러를 이용해 안쪽으로 모으며 평평하게 정리하세요.

11 1.5cm 원형 깍지를 끼운 짜주머니에 남은 모카 버터크림을 담아 케이크 가장자리를 따라 사진과 같이 짜세요.

12 장식용 헤이즐넛 누가와 갈아둔 헤이즐넛 누가 남은 것을 올리세요.

╾─┤ **Baking Tip** ├─╾

- 커피 엑기스가 없다면 인스턴트커피를 소량의 물에 녹여 사용해도 됩니다. 카누, G7, 이과수커피 등 시판 제품을 사용하세요. 취향에 따라 진하거나 약하게 분량을 조절하면 됩니다.

- 냉장고에 하루 정도 숙성하면 더 맛있게 먹을 수 있습니다.

- 케이크 돌림판은 평평한 접시 등으로 대체해도 좋습니다.

요즘 인기를 끌고 있는 흑당을 활용해 단맛의 풍미를 살린 케이크입니다.
호두 흑당 비스퀴를 두르고 사과 무스를 채운 뒤 흑당 바닐라 크림으로 마무리했어요.
다진 호두가 콕콕 박혀 있어 고소하고 바삭한 식감을 더했답니다.

· Whole Cake ·

호두 흑당 사과 케이크

사과조림 ─── 호두 흑당 크럼블

흑당 바닐라 크림 ─── ─── 사과조림

사과 무스 ─── ─── 호두 흑당 비스퀴

난이도
중

틀 종류
15×5cm 원형 무스 틀(1호) 1개

보관 기간
냉장 3일

오븐 온도와 시간
일반 오븐 : 190℃ 10~11분
컨벡션 오븐 : 190℃ 8분

재료 ─────

호두 흑당 비스퀴
달걀노른자 60g
흑설탕(또는 머스코바도) 30g
달걀흰자 120g
흑설탕(또는 머스코바도) 60g
박력분 70g
카카오 가루 5g
호두 분태 40g
슈거 파우더 적당량

사과조림
사과 120g

설탕 30g
시나몬 가루 0.5g
물 30g

사과 무스
사과 주스 125g
판 젤라틴 2g
칼바도스 5g(생략 가능)
생크림 60g

흑당 바닐라 크림
바닐라빈 1/4개

달걀노른자 24g
흑설탕(또는 머스코바도) 27g
우유 100g
판 젤라틴 2g
생크림 66g

호두 흑당 크럼블
무염 버터 11g
흑설탕(또는 머스코바도) 11g
박력분 17g
아몬드 가루 5g
호두 분태 15g

사전 준비 ─────

- 달걀노른자, 무염 버터는 미리 실온에 꺼내두고 달걀흰자, 생크림은 냉장고에 넣어둡니다.
- 박력분, 카카오 가루는 체에 내립니다.
- 판 젤라틴은 찬물에 불려 물기를 짜둡니다.
- 호두는 다져 170℃ 오븐에 6~7분간 구워 호두 분태를 만듭니다.
- 유산지에 지름 15cm 원 2개와 55×6cm 직사각형을 그려둡니다. 가로 55cm 길이가 안 나오면 직사각형을 2개로 나누어 그려도 됩니다.
- 오븐은 굽는 온도보다 10℃ 높은 200℃로 예열합니다.

1 사과는 껍질을 벗겨 1~1.2cm 큐브 모양으로 자르세요.

2 냄비에 **1**과 설탕, 시나몬 가루, 물을 넣으세요.

3 중약불에 올려 주걱으로 저어가며 물기가 거의 없어질 때까지 졸이세요.

4 체에 담아 여분의 물기를 빼세요.

[비스퀴 아 라 퀴예르] 과정 1~11을 그대로 따라 한 후 다음 과정을 진행하세요.

1 비스퀴 아 라 퀴예르 만들기 p.28~29 참고

2-1 p.28 과정 **1, 4~6**에서 설탕 대신 흑설탕을 넣으세요.

2-2 p.28 과정 **10**에서 박력분과 함께 카카오 가루를 체에 내려 넣으세요.

3 1cm 원형 깍지를 끼운 짜주머니에 반죽을 담으세요.

4 오븐 팬에 준비한 유산지를 깔고 55×6cm 직사각형 안에 사진과 같이 촘촘하게 반죽을 짜세요.

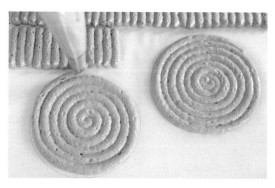

5 15cm 원 안에 사진과 같이 동그랗게 말아가며 촘촘하게 반죽을 짜세요.

6 호두 분태를 골고루 뿌리세요. 그 위에 슈거 파우더를 체에 내려 뿌리고, 흡수되면 다시 한번 뿌리세요.

7 미리 예열한 오븐에 190℃로 10~11분간 구우세요. 완전히 식힌 후 비스퀴를 뒤집어 유산지를 떼어내세요.
Point 충분히 식혀야 유산지가 잘 떼어집니다.

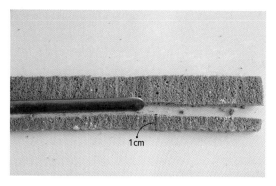

8 55×6cm 비스퀴 위아래를 1cm씩 빵칼로 잘라 4cm 높이로 만드세요.

9　15cm 원형 비스퀴 2장은 지름이 12~12.5cm 정도 되게 테두리를 가위로 자르세요.

10　평평한 받침 위에 틀을 올리고 틀 안쪽에 **8**을 두르세요.

11　공간이 남는 부분은 비스퀴를 잘라 딱 맞게 끼우세요.
Point　타이트하게 끼워야 크림이 새지 않고 케이크를 잘랐을 때 단면이 예쁩니다.

12　틀에 **9**의 15cm 원형 비스퀴 1장을 까세요.

사과 무스 만들기 & 마무리 ① ─↓

1　냄비에 사과 주스를 넣고 강불에 올려 25g 정도 될 때까지 졸이세요.

2　새 볼에 **1**을 넣고 찬물에 불려 물기를 짠 젤라틴을 넣어 녹이세요.
Point　여름에는 판 젤라틴을 얼음물에 불려 사용합니다.

3 칼바도스를 넣고 식히세요.
Point 칼바도스는 생략해도 됩니다.

4 새 볼에 생크림을 넣고 중고속(4단)으로 70% 정도 휘핑하세요. → p.36 참고

5 **3**을 넣고 주걱으로 가볍게 섞으세요.

6 사과조림 2/3를 넣고 섞으세요.

7 비스퀴를 두른 틀에 **6**을 채우세요.

8 나머지 15cm 원형 비스퀴 1장의 매끈한 면이 위로 오게 덮어 냉장고에 넣어두세요.

1 바닐라빈을 반으로 갈라 씨를 발라내세요.

2 볼에 달걀노른자와 흑설탕을 넣고 거품기로 섞으세요.

3 **1**의 바닐라빈씨를 넣고 섞으세요.

4 냄비에 우유, 바닐라빈 껍질을 넣고 중불에 올려 표면이 바글바글 끓어오르면 불에서 내리세요.

5 **3**에 **4**를 2~3번에 나누어 넣으면서 그때마다 거품기로 빠르게 저으세요.

6 냄비 위에서 **5**를 체에 한번 거르세요.
Point 바닐라빈 껍질과 달걀노른자 불순물을 제거합니다.

7 **6**을 다시 중불에 올려 거품기로 빠르게 저어가며 끓이세요.
Point 바닥에 눌어붙을 수 있으니 재빨리 저으세요.

8 주걱으로 떠서 숟가락 등으로 그었을 때 크림 자국이 선명하게 없어지면 마무리하세요(약 82℃). → 과정 1~8을 크렘 앙글레즈라고 합니다. p.43 참고

9 찬물에 불려 물기를 짠 젤라틴을 넣고 녹이세요.
Point 여름에는 판 젤라틴을 얼음물에 불려 사용하세요.

10 새 볼에 생크림을 넣고 70% 정도 휘핑하세요. → p.36 참고

11 **10**에 **9**를 넣고 거품기로 섞으세요.

1 냉장고에서 케이크를 꺼내 흑당 바닐라 크림을 위에 올리세요.

2 스패출러로 평평하게 펴서 다시 냉장고에 3시간 정도 넣어 두세요.

1 볼에 무염 버터, 흑설탕, 박력분, 아몬드 가루, 호두 분태를 넣으세요.

2 손으로 섞어 적당한 크기로 뭉치세요.
Point 손으로 크고 작게 뭉쳐 크럼블을 만들면 더 자연스러워요.

3 테플론 시트를 깐 오븐 팬에 **2**를 펼쳐놓고 미리 예열한 오븐에 170℃로 10~11분간 구우세요.

1 냉장고에서 케이크를 꺼내 뜨거운 물수건으로 틀을 감싸세요.
Point 틀이 따뜻해지면서 단단했던 크림이 부드러워져 쉽게 분리됩니다.

2 틀을 위로 들어 올려 제거하세요.

3 남은 사과조림 1/3과 호두 흑당 크럼블을 올려 장식하세요.

Baking Tip

- 비스퀴로 만든 케이크는 수분을 잘 흡수해 금방 축축해집니다. 냉장고에 보관할 때 밀폐 용기에 뚜껑을 덮지 않은 채 담아두면 축축해지는 것을 조금 막아줍니다.
- 무스 틀을 제거할 때 수건을 뜨거운 물에 담갔다가 짜서 틀을 감싸는 과정을 두 번 정도 반복하면 쉽게 분리됩니다.

트로피컬 체리 케이크

체리

트로피컬 프루츠 휩크림

다쿠아즈

아몬드 화이트 초콜릿 글레이즈

난이도
중

틀 종류
18×2cm 원형 타르트 틀 1개

보관 기간
냉장 3일

오븐 온도와 시간
일반 오븐 : 170℃ 17~18분
컨벡션 오븐 : 170℃ 15~17분

재료 ——————

다쿠아즈
달걀흰자 100g
설탕 34g
아몬드 가루 76g
박력분 10g
슈거 파우더 42g

트로피컬 프루츠 휩크림
생크림 195g
판 젤라틴 1g
화이트 초콜릿 커버추어 52g
패션프루츠 퓌레 15g
망고 퓌레 15g

아몬드 화이트 초콜릿 글레이즈
화이트 초콜릿 커버추어 100g
식물성 오일(카놀라유, 포도씨유)
25g
아몬드 분태 28g

체리 적당량
스마일락스 약간

사전 준비 ——————

• 달걀흰자는 냉장고에 넣어둡니다.
• 아몬드 가루, 박력분, 슈거 파우더는 체에 내립니다.
• 판 젤라틴은 찬물에 불려 물기를 짜둡니다.
• 아몬드 분태는 170℃에 6~7분간 구워둡니다.
• 오븐은 굽는 온도보다 10℃ 높은 180℃로 예열합니다.

식후 디저트나 티타임으로 여럿이 조금씩 나눠 먹기 좋은 케이크입니다.
폭신한 다쿠아즈를 아몬드 화이트 초콜릿으로 코팅해 오독오독 씹히는 맛을 살렸어요.
상큼한 체리를 풍부하게 올려 비주얼도 놓치지 않았답니다.

1 뜨겁게 데운 생크림(70~75℃)에 찬물에 불려 물기를 짠
젤라틴을 넣어 녹이세요.
Point 여름에는 판 젤라틴을 얼음물에 불려 사용하세요.

2 새 볼에 화이트 초콜릿 커버추어와 **1**을 넣고 5분간 그대로
두어 녹이세요.
Point 완전히 녹지 않으면 전자레인지에 살짝 돌려 녹이세요.

3 **2**를 핸드블렌더로 가세요.

4 패션프루츠 퓌레, 망고 퓌레를 넣고 다시 핸드블렌더로 가볍
게 가세요.

5 반죽 표면에 랩이 닿게 밀착시킨 후 냉장고에 하루 동안 넣
어두세요.
Point 충분히 숙성해야 부드럽고 매끈한 크림이 됩니다.

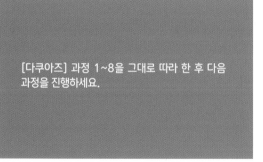

[다쿠아즈] 과정 1~8을 그대로 따라 한 후 다음
과정을 진행하세요.

1 다쿠아즈 만들기 p.32~33 참고

2 테플론 시트를 깐 오븐 팬에 틀을 올리고 다쿠아즈 반죽을
짜주머니에 담아 틀을 채우듯이 짜세요.

3 스패출러로 안에서 바깥쪽으로 반죽을 조금씩 밀어 평평하
게 정리하세요.

4 전체적으로 다시 한번 밀어 매끈하게 만드세요.

5 틀을 위로 들어 올려 제거하세요.

6 슈거 파우더를 체에 내려 뿌리고, 흡수되면 다시 한번 뿌리
세요.

7 미리 예열한 오븐에 170℃로 17~18분간 구워 완전히 식힌 후 냉장고에 넣어두세요.

1 볼에 화이트 초콜릿 커버추어를 넣고 중탕이나 전자레인지로 2/3 정도 녹이세요.

2 주걱으로 저어가며 완전히 녹이세요(35~40℃).

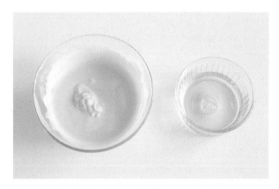

3 식물성 오일을 넣고 잘 섞으세요.

4 구운 아몬드 분태를 넣고 섞으세요.

1 냉장고에서 다쿠아즈를 꺼내 아몬드 화이트 초콜릿 글레이즈(25~26℃)를 올리세요.

2 스패출러로 윗면에 평평하게 펴 바르고 옆면에도 바르세요.

3 냉장고에서 하루 숙성한 트로피컬 프루츠 휩크림을 중고속(4단)으로 휘핑하세요.

4 단단하면서 부드러운 크림이 되면 마무리하세요.

5 주걱으로 볼 가장자리를 정리하세요.

6 1.5cm 원형 깍지를 끼운 짜주머니에 **5**를 담아 테두리에서 1cm 안쪽으로 둥글게 짜세요.

7 안쪽은 가장자리보다 조금 작게 짜세요.

8 체리는 10알 정도 남겨두고 나머지는 반을 갈라 씨를 제거하세요.

9 케이크에 사진과 같이 체리를 올리세요.

10 가운데에 씨를 제거한 체리를 얹고 스마일락스로 장식하세요.

Baking Tip

- 다쿠아즈 만들 때 가루류를 넣고 너무 많이 섞으면 구웠을 때 볼륨 없는 모양으로 완성됩니다. 가루가 보이지 않을 정도로만 가볍게 섞으세요.

- 패션프루트 퓌레와 망고 퓌레가 없다면 다른 퓌레를 넣어 만들어도 좋습니다.

- 구운 다쿠아즈를 냉장고에 넣어두는 이유는 차가운 상태일 때 아몬드 화이트 초콜릿 글레이즈가 두껍게 발려 아몬드 분태가 흘러내리지 않기 때문입니다.

- 체리 대신 딸기, 샤인머스캣 등 다른 상큼한 과일을 얹어 장식해보세요.

쑥, 콩가루 등 건강한 식재료를 이용해 한국적인 입맛을 살린 케이크입니다.
꾸덕하고 쌉쌀한 쑥 쇼콜라와 달콤한 쑥 가나슈에 콩가루의 고소하면서도 은은한 맛을 담았어요.

인절미 쑥 쇼콜라 가토

볶은 콩가루

콩가루 샹티 크림

쑥 가나슈

쑥 쇼콜라 시트

난이도
중

틀 종류
15×7cm 원형 틀(1호) 1개

보관 기간
냉장 5일

오븐 온도와 시간
일반 오븐 : 155℃ 38~43분
컨벡션 오븐 : 155℃ 35~40분

재료 ————

쑥 쇼콜라 시트
달걀노른자 53~55g(3개분)
설탕 40g
화이트 초콜릿 커버추어 150g
무염 버터 30g
생크림 100g
쑥 가루 10g
달걀흰자 112~115g(3개분)
설탕 40g
박력분 50g

쑥 가나슈
화이트 초콜릿 커버추어 80g
무염 버터 25g
생크림 60g
쑥 가루 3g

콩가루 샹티 크림
생크림 120g
설탕 15g
볶은 콩가루 4g

볶은 콩가루 적당량

사전 준비 ————

• 달걀노른자, 깍둑썰기한 무염 버터는 미리 실온에 꺼내두고 달걀흰자는 냉장고에 넣어둡니다.
• 박력분은 체에 내립니다.
• 틀에 테플론 시트를 재단해 깔아둡니다.
• 오븐은 굽는 온도보다 10℃ 높은 165℃로 예열합니다.

1 볼에 달걀노른자와 설탕 40g을 넣으세요.

2 연한 미색을 띠며 무겁게 떨어지는 정도가 될 때까지 고속
(5단)으로 휘핑하세요.

3 새 볼에 화이트 초콜릿 커버추어, 무염 버터를 넣고 중탕이
나 전자레인지로 녹이세요.

4 3에 따듯하게 데운 생크림(40~45℃)을 넣고 주걱으로 잘
섞으세요.

5 2에 4를 넣고 거품기로 섞으세요.

6 쑥 가루를 넣고 섞으세요.

7 새 볼에 달걀흰자를 넣고 중속(3단)으로 휘핑하세요.

8 거품(맥주 거품 정도)이 올라오면 설탕 40g의 1/3을 넣고 30초간 중속으로 휘핑하세요.

9 다시 설탕 1/3을 넣고 30초간 중속으로 휘핑하세요.

10 남은 설탕 1/3을 넣고 중고속(4단)으로 휘핑하세요. 핸드 믹서 날을 들었을 때 뾰족한 새 부리 모양이 되면 마무리하세요(90% 휘핑한 머랭). → p.35 참고

11 2분간 저속(1단)으로 기공을 정리하세요.

12 **11**의 머랭 1/2을 **6**에 넣고 거품기로 섞은 후 남은 머랭을 넣고 주걱으로 부드럽게 섞으세요.

13 박력분을 다시 한번 체에 내려 넣고 가루가 보이지 않을 때까지 가볍게 섞으세요.

14 틀에 반죽을 넣고 미리 예열한 오븐에 155℃로 38~43분간 구운 후 바로 틀에서 꺼내 완전히 식히세요.
Point 반죽을 넣은 후 틀을 바닥에 2~3번 내리쳐 공기를 빼세요.

1 볼에 화이트 초콜릿 커버추어와 무염 버터를 넣고 중탕이나 전자레인지로 녹이세요.

2 따듯하게 데운 생크림(40~45℃)을 넣고 섞으세요.

3 쑥 가루를 넣고 거품기로 섞은 후 식히세요(20~21℃).
Point 쑥 가루는 체에 내리면 덩어리지니 체에 내리지 마세요.

1 쑥 쇼콜라 시트 위에 쑥 가나슈를 올리세요.

2 스패출러로 윗면에 평평하게 펴 바르고 냉장고에 2시간 정도 넣어두세요.

1 볼에 생크림과 설탕을 넣고 크림이 살짝 올라오는 정도까지 휘핑하세요(70% 휘핑한 크림). → p.36 참고

2 볶은 콩가루를 넣고 주걱으로 가볍게 섞으세요.
Point 볶은 콩가루를 넣었을 때 크림이 너무 뻑뻑하면 휘핑하지 않은 생크림을 조금씩 넣어가며 텍스처를 적당하게 맞추세요.

1 케이크 돌림판 위에 케이크를 놓고 콩가루 샹티 크림을 올리세요.

2 스패출러로 윗면에 평평하게 펴 바르세요.

3 옆면에도 매끄럽게 펴 바르세요.

4 가장자리에 솟은 콩가루 샹티 크림은 스패출러를 이용해 안쪽으로 모으세요.

5 케이크 돌림판을 돌려가며 매끈하게 정리하세요.

6 볶은 콩가루를 체에 내려 뿌리세요.
Point 볶은 콩가루는 수분 흡수가 빠르기 때문에 먹기 직전에 뿌리는 게 좋습니다.

Baking Tip

- 쑥 쇼콜라 가토는 굽는 시간에 따라 식감이 달라집니다. 적당히 구우면 쫀득하지만 오래 구우면 퍼석해지니 주의해야 합니다.
- 볶은 콩가루를 넣어 만든 샹티 크림은 시간이 지날수록 뻑뻑해지기 때문에 케이크에 바를 때 빠르게 마쳐야 합니다.
- 케이크 돌림판은 평평한 접시 등으로 대체해도 좋습니다.

고구마 케이크

비스퀴

고구마 큐브

고구마 큐브

고구마 무슬린 크림

비스퀴

난이도
중

틀 종류
15×5cm 정사각 무스 틀(1호)
1개

보관 기간
냉장 3일

오븐 온도와 시간
일반 오븐 : 180℃ 10~12분
컨벡션 오븐 : 180℃ 9~10분

재료 ───────

비스퀴
달걀노른자 52~54g(3개분)
설탕 25g
달걀흰자 76~80g(2개분)
설탕 40g
박력분 70g
슈거 파우더 적당량

고구마 퓌레
고구마 135g
설탕 60g

고구마 큐브
고구마 200g

고구마 무슬린 크림
바닐라빈 1/4개
달걀노른자 69~72g(4개분)
설탕 40g
박력분 10g
옥수수 전분 8g
우유 147g
무염 버터 20g
무염 버터 205g

사전 준비 ───────

• 달걀노른자, 깍둑썰기한 무염 버터는 미리 실온에 꺼내두고 달걀흰자는 냉장고에 넣어둡니다.
• 박력분은 체에 내립니다.
• 유산지에 17cm 정사각형 2개를 그려둡니다.
• 오븐은 굽는 온도보다 10℃ 높은 190℃로 예열합니다.

자주색 고구마 큐브가 콕콕 박힌 고구마 케이크. 스퀘어 모양의 특색 있는 비주얼 덕분에 맛도 궁금해져요.
고구마 퓌레와 고구마 무슬린 크림으로 채워 호불호 없이 누구나 즐길 수 있는 영양 만점 케이크예요.

1 퓌레용 고구마는 껍질을 벗겨 적당히 썰고, 큐브용 고구마는 껍질째 깍둑썰기하세요.

2 내열 용기에 각각 담고 랩을 씌워 전자레인지로 익히세요.
Point 퓌레용 고구마는 으깨질 정도로, 큐브용은 씹힐 정도로 익힙니다.

3 퓌레용 고구마는 뜨거울 때 으깨세요.

4 설탕을 넣고 주걱으로 섞으세요.

1 바닐라빈은 반으로 갈라 씨를 발라내세요.

2 볼에 달걀노른자, 설탕, 바닐라빈씨를 넣고 거품기로 섞으세요.

3 박력분, 옥수수 전분을 체에 내려 넣고 거품기로 섞으세요.

4 냄비에 우유, 바닐라빈 껍질을 넣고 중불에 올려 표면이 바글바글 끓어오르면 불에서 내리세요.

5 **3**에 **4**를 조금씩 넣어가며 거품기로 섞으세요.

6 냄비 위에서 **5**를 체에 한번 거르세요.
Point 바닐라빈 껍질과 불순물을 제거합니다.

7 **6**을 다시 중불에 올려 거품기로 빠르게 저으세요.

8 끓어오르면서 조금씩 걸쭉해지다가 덩어리가 생기면 조금 더 빠르게 저으세요.
Point 눌어붙지 않도록 주의합니다.

9 덩어리진 것이 풀리고 매끄러운 크림이 되면 불을 끄세요.

10 뜨거울 때 무염 버터 20g을 넣고 섞으세요.

11 스테인리스 바트에 랩을 깔고 **10**을 담으세요.

12 랩을 씌우고 밀착시켜 평평하게 편 후 완전히 식을 때까지 냉장고에 넣어두세요. → 과정 1~12를 크렘 파티시에르라 고 합니다. p.43 참고

13 냉장고에서 꺼내 새 볼에 담고 풀어질 때까지 중속(3단)으 로 휘핑하세요.

14 **13**에 깍둑썰기한 무염 버터 205g을 4~5번에 나누어 넣 으면서 그때마다 중속으로 휘핑하세요.
Point 고속(5단)으로 휘핑하면 공기가 많이 들어가 크림이 거칠어지기 때문 에 중속으로 휘핑해야 합니다.

15 고구마 퓌레를 넣고 중속으로 휘핑하세요.

16 주걱으로 볼 가장자리를 정리하세요.

고구마 비스퀴 만들기 ───○

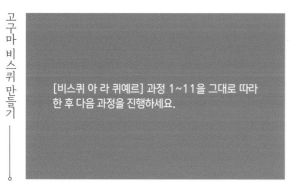

[비스퀴 아 라 퀴예르] 과정 1~11을 그대로 따라
한 후 다음 과정을 진행하세요.

1 비스퀴 아 라 퀴예르 만들기 p.28~29 참고

2 오븐 팬에 준비한 유산지를 깔고 그 위에 테플론 시트를 올
리세요.

3 1cm 원형 깍지를 끼운 짜주머니에 비스퀴 반죽을 담으세요.

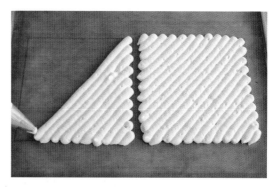

4 사진과 같이 모서리부터 시작해 사선으로 촘촘하게 반죽을
짜세요.

5 슈거 파우더를 체에 내려 뿌리고, 흡수되면 다시 한번 뿌리세요.

6 고구마 큐브 1/3을 적당한 간격으로 올린 후 미리 예열한 오븐에 180℃로 10~12분간 구우세요.

7 완전히 식힌 후 비스퀴를 뒤집어 테플론 시트를 떼어내세요.
Point 충분히 식혀야 테플론 시트가 잘 떼어집니다.

마무리

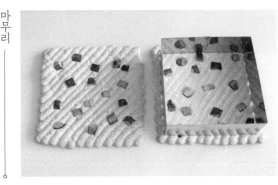

1 비스퀴에 15cm 정사각 무스 틀을 올려 각각 틀 모양을 표시하세요.

2 표시한 모양대로 가장자리를 빵칼로 자르세요.

3 평평한 받침 위에 틀을 올리고 비스퀴 1장을 바닥 면이 위로 오게 까세요.

4 고구마 무슬린 크림을 짜주머니에 담아 사진과 같이 짜세요.

5 고구마 큐브 1/3을 적당한 간격으로 올리세요.

6 다시 고구마 무슬린 크림을 짜세요.

7 남은 고구마 큐브를 올리세요.

8 남은 고구마 무슬린 크림을 짠 후 스패출러로 평평하게 정리하세요.

9 나머지 비스퀴 1장을 올려 냉장고에 2~3시간 정도 넣어두세요.

10 냉장고에서 케이크를 꺼내 뜨거운 물수건으로 틀을 감싼 다음 위로 들어 올려 제거하세요.

Point 틀이 따뜻해지면서 단단했던 크림이 부드러워져 쉽게 분리됩니다.

Baking Tip

• 비스퀴로 만든 케이크는 수분을 잘 흡수해 금방 축축해집니다. 냉장고에 보관할 때 밀폐 용기에 뚜껑을 덮지 않은 채 담아두면 축축해지는 것을 조금 막아줍니다.

• 무스 틀을 제거할 때 수건을 뜨거운 물에 담갔다가 짜서 틀을 감싸는 과정을 두 번 정도 반복하면 쉽게 분리됩니다.

마치 하얀 바둑알이 박혀 있는 듯한 독특한 모양의 케이크입니다.
얼그레이 향을 입힌 밀크티 비스퀴의 촉촉함과 밀크티 캐러멜 크림의 달콤함이
조화롭게 어우러져 당 충전이 필요한 날 최고랍니다.

바닐라 밀크티 캐러멜 케이크

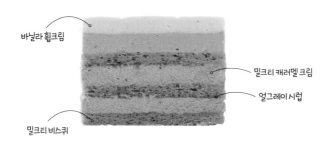

바닐라 휩크림

밀크티 캐러멜 크림

얼그레이 시럽

밀크티 비스퀴

난이도
상

틀 종류
15×5cm 정사각 무스 틀(1호)
1개

보관 기간
냉장 3일

오븐 온도와 시간
일반 오븐 : 200℃ 9~10분
컨벡션 오븐 : 200℃ 7~8분

재료 ————

밀크티 비스퀴
달걀노른자 72~75g(4개분)
물엿 10g
달걀흰자 150~152g(4개분)
설탕 70g
박력분 50g
옥수수 전분 15g
우유 30g
얼그레이 3g
무염 버터 20g

바닐라 휩크림
화이트 초콜릿 커버추어 55g
생크림 110g
바닐라빈 1/3개

밀크티 캐러멜 크림
우유 50g
얼그레이 6g
판 젤라틴 5g
설탕 84g

물엿 80g
생크림 84g
생크림 300g

얼그레이 시럽
설탕 30g
물 50g
얼그레이 2g

사전 준비 ————

• 달걀노른자는 미리 실온에 꺼내두고 달걀흰자, 밀크티 캐러멜 크림용 생크림은 냉장고에 넣어둡니다.
• 박력분, 옥수수 전분은 체에 내립니다.
• 판 젤라틴은 찬물에 불려 물기를 짜둡니다.
• 36×27×2.5cm 롤케이크 팬에 테플론 시트를 재단해 깔아둡니다.
• 오븐은 굽는 온도보다 10℃ 높은 210℃로 예열합니다.

1 볼에 화이트 초콜릿 커버추어와 뜨겁게 데운 생크림 (70~75℃)을 넣고 5분간 그대로 두어 녹이세요.
Point 완전히 녹지 않으면 전자레인지에 살짝 돌려 녹이세요.

2 바닐라빈을 반으로 갈라 씨만 넣으세요.

3 **2**를 핸드블렌더로 가세요.

4 반죽 표면에 랩이 닿게 밀착시킨 후 냉장고에 하루 동안 넣어두세요.
Point 충분히 숙성해야 부드럽고 매끈한 크림이 됩니다.

5 스테인리스 바트를 뒤집어 바닥을 물티슈로 닦으세요.

6 OPP 비닐(투명한 비닐)을 정사각형으로 2장 잘라 1장을 **5**에 올리세요.
Point OPP 비닐은 18cm 정사각형 크기로 자릅니다.

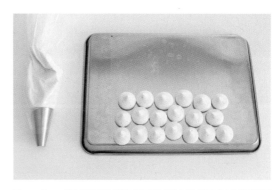

7 **4**를 단단하면서 부드러운 크림이 될 때까지 중고속(4단)으로 휘핑하세요.
Point 너무 많이 휘핑하면 크림을 짤 때 갈라지고, 너무 적게 휘핑하면 볼륨이 적어 크림을 짜면 금방 퍼집니다.

8 1cm 원형 깍지를 끼운 짜주머니에 **7**을 담아 **6**의 가장자리에서 1cm 정도 띄우고 사진과 같이 짜세요.

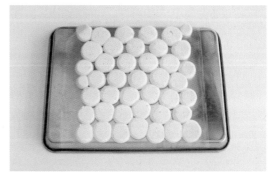

9 나머지 OPP 비닐 1장을 **8**에 올리고 투명한 판을 얹으세요.
Point 투명한 도구를 사용하면 크림이 눌리는 게 보여 실패 확률을 줄일 수 있습니다.

10 투명한 판을 손바닥으로 살짝 눌러 크림을 평평하게 만든 후 냉동실에 6~7시간 정도 넣어두세요.

1 비스퀴 아 라 퀴예르 만들기 p.28~29 참고

1-1 p.28 과정 **1**에서 설탕 대신 물엿을 넣어 섞으세요. 과정 **10**에서 박력분과 함께 옥수수 전분을 체에 내려 넣으세요.

2 뜨겁게 데운 우유(75~80℃)에 얼그레이를 넣고 랩을 씌워 10분간 우리세요.

3 뜨겁게 데운 무염 버터(58~60℃)에 비스퀴 반죽을 조금 덜어 넣고 주걱으로 섞으세요.

4 나머지 반죽에 **3**을 넣고 주걱으로 섞으세요.

5 **2**를 넣고 섞으세요.

6 테플론 시트를 깐 오븐 팬에 반죽을 넣고 스크래퍼로 가장자리부터 채운 다음 평평하게 펴세요.

Point 스크래퍼로 가장자리부터 반죽을 채워야 평평하게 만들 수 있습니다.

7 미리 예열한 오븐에 200℃로 9~10분간 구우세요.

8 완전히 식힌 후 비스퀴를 뒤집어 테플론 시트를 떼어내세요.
Point 충분히 식혀야 테플론 시트가 잘 떼어집니다.

9 비스퀴에 15cm 정사각 무스 틀을 올려 틀 모양 2개를 표시하세요.

10 남은 부분에 15×7.5cm 직사각형 2개를 표시하세요.

11 표시한 모양대로 빵칼로 자르세요.

1 뜨겁게 데운 우유(75~80℃)에 얼그레이를 넣고 랩을 씌워 10분간 우리세요.

2 냄비에 설탕, 물엿을 넣고 중불에 올리세요. 끓기 시작하면 주걱으로 저으면서 끓이세요.

3 진한 갈색이 되면(185~190℃) 따듯하게 데운 생크림(40~45℃) 84g을 넣으세요.

4 약 10초간 더 끓이다가 불에서 내린 후 찬물에 불려 물기를 짠 젤라틴을 넣고 녹이세요.
Point 여름에는 판 젤라틴을 얼음물에 불려 사용하세요.

5 **1**을 체에 내려 **4**에 넣고 찌꺼기를 주걱으로 눌러 남은 우유를 짜 넣은 후 가볍게 저어 식히세요.
Point 너무 많이 짜면 얼그레이의 떫은맛이 나니 적당히 짜세요.

6 새 볼에 생크림 300g을 넣고 60% 정도 올라올 때까지 중고속(4단)으로 휘핑하세요. → p.36 참고

7   6에 5를 넣고 거품기로 가볍게 섞으세요.

얼그레이 시럽 만들기

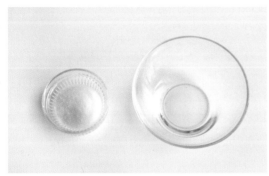

1   볼에 설탕과 물을 넣고 설탕이 녹을 때까지 끓이세요.

2   얼그레이를 넣고 10분간 우린 후 체에 거르세요.

마무리

1   틀에 15×15cm 비스퀴 1장을 깔고 얼그레이 시럽을 바르
세요.

2   밀크티 캐러멜 크림을 짜주머니에 담아 사진과 같이 짜세요.

3 15×7.5cm 비스퀴 2장을 올리세요.

4 얼그레이 시럽을 바르세요.

5 **2**와 같이 밀크티 캐러멜 크림을 짠 후 나머지 15×15cm 비스퀴 1장을 올리세요. 시럽을 바른 후 다시 밀크티 캐러멜 크림을 짜세요.

6 스패출러로 평평하게 정리한 후 냉장고에 3시간 정도 넣어 두세요.

7 냉장고에서 케이크를 꺼내 뜨거운 물수건으로 틀을 감싼 다음 위로 들어 올려 제거하세요.
Point 틀이 따뜻해지면서 단단했던 크림이 부드러워져 쉽게 분리됩니다.

8 얼려둔 바닐라 휩크림을 꺼내 비닐을 제거하세요.

 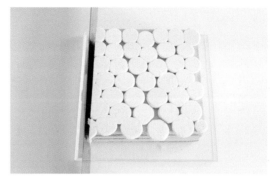

9 케이크 위에 바닐라 휩크림을 뒤집어 올린 후 비닐을 제거하세요.

10 따듯하게 데운 빵칼로 사방을 잘라 매끈하게 정리하세요.
Point 뜨거운 물에 빵칼을 잠시 담갔다가 물기를 제거한 후 사용하세요.

Baking Tip

• 무스 틀을 제거할 때 수건을 뜨거운 물에 담갔다가 짜서 틀을 감싸는 과정을 두 번 정도 반복하면 쉽게 분리됩니다.

자몽 화이트 무스케이크

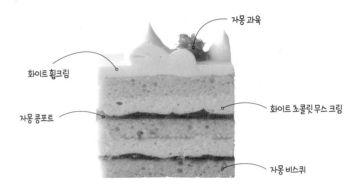

- 자몽 과육
- 화이트 휩크림
- 자몽 콩포트
- 화이트 초콜릿 무스 크림
- 자몽 비스퀴

난이도
상

틀 종류
15×5cm 또는 15×6cm 정사각
무스 틀(1호) 1개
(각봉 사용 시 높이 5cm, 각봉 미
사용 시 높이 6cm 틀 사용)

보관 기간
냉장 3일

오븐 온도와 시간
일반 오븐 : 200℃ 9~10분
컨벡션 오븐 : 200℃ 7~8분

재료 ─────────

화이트 휩크림
생크림 230g
판 젤라틴 1g
화이트 초콜릿 커버추어 115g

자몽 비스퀴
전란 112g
아몬드 가루 87g
슈거 파우더 75g
박력분 38g
달걀흰자 100g
설탕 50g
무염 버터 25g
자몽 껍질 4~5g(1/2개분)

자몽 콩포트
자몽 과육 150g + 자몽즙
150g(3~4개분)
설탕 50g
펙틴(잼용) 1.5g
판 젤라틴 2g

자몽 장식용
자몽 1개

시럽
설탕 25g
물 50g
쿠앵트로 1작은술

화이트 초콜릿 무스 크림
설탕 40g
물 23g
달걀노른자 54~56g(3개분)
바닐라빈 1/3개
생크림 53g
판 젤라틴 5g
화이트 초콜릿 커버추어 60g
생크림 150g

사전 준비 ─────────

- 전란은 미리 실온에 꺼내두고 달걀흰자, 생크림은 냉장고에 넣어둡니다.
- 아몬드 가루, 슈거 파우더, 박력분은 체에 내립니다.
- 판 젤라틴은 찬물에 불려 물기를 짜둡니다.
- 36×27×2.5cm 롤케이크 팬에 테플론 시트를 재단해 깔아둡니다.
- 오븐은 굽는 온도보다 10℃ 높은 210℃로 예열합니다.

입안 가득 감싸는 자몽의 상큼함으로 여성들의 마음을 사로잡는 케이크입니다.
자몽 속껍질까지 모두 갈아 넣어 만든 자몽 콩포트를 겹겹이 발라 달콤쌉싸름한 맛을 즐길 수 있어요.

1 뜨겁게 데운 생크림(70~75℃)에 찬물에 불려 물기를 짠 젤라틴을 넣고 녹이세요.
Point 여름에는 판 젤라틴을 얼음물에 불려 사용하세요.

2 화이트 초콜릿 커버추어를 넣고 5분간 그대로 두어 녹이세요.
Point 완전히 녹지 않으면 전자레인지에 살짝 돌려 녹이세요.

3 **2**를 핸드블렌더로 가세요.

4 반죽 표면에 랩이 닿게 밀착시킨 후 냉장고에 하루 동안 넣어두세요.
Point 충분히 숙성해야 부드럽고 매끈한 크림이 됩니다.

1 자몽 1개는 깨끗이 씻어 제스터로 껍질을 벗기세요. → 자몽 껍질은 p.128 '자몽 비스퀴 조콩드 만들기' 과정 **4**에 넣으세요.

2 **1**의 자몽 껍질을 깔끔하게 벗기세요.

3 적당한 크기로 자르세요.
Point 자몽즙을 낼 때 흰 속껍질까지 사용하면 훨씬 진한 자몽 맛과 향을 즐길 수 있습니다.

4 새 자몽은 흰 속껍질까지 깔끔하게 벗기세요.

5 칼로 자몽 중간중간의 흰 속껍질까지 제거하고 과육만 저미세요.

6 적당한 크기로 자르세요. → 자몽 과육 150g
Point 자몽 크기에 따라 나오는 분량이 다르니 150g에 맞춰 손질합니다.

7 3을 푸드 프로세서에 넣고 가세요.

8 체에 담아 자몽 껍질과 자몽즙을 분리하세요. → 자몽즙 150g

9 새 볼에 설탕과 펙틴을 넣고 섞으세요.
Point 펙틴을 그대로 넣고 끓이면 덩어리지니 설탕에 섞어 사용하세요.

10 냄비에 **6, 8, 9**를 넣고 중불에 올려 끓이세요.

11 주걱으로 저으면서 1/3 정도 졸여지면 불에서 내린 후 찬
물에 불려 물기를 짠 젤라틴을 넣고 녹이세요.
Point 여름에는 판 젤라틴을 얼음물에 불려 사용하세요.

12 주걱으로 떴을 때 무겁게 뚝 떨어지는 정도가 될 때까지 완
전히 식히세요.

자몽 비스퀴 만들기

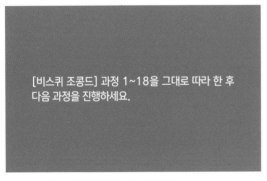

[비스퀴 조콩드] 과정 1~18을 그대로 따라 한 후
다음 과정을 진행하세요.

1 비스퀴 조콩드 만들기 p.30~31 참고
1-1 p.30 과정 **4**에서 p.126 '자몽 콩포트 만들기' 과정 **1**의
자몽 껍질을 넣고 주걱으로 섞으세요.

2 완전히 식힌 후 비스퀴를 뒤집어 테플론 시트를 떼어내세요.
Point 충분히 식혀야 테플론 시트가 잘 떼어집니다.

3 비스퀴에 15cm 정사각 무스 틀을 올려 틀 모양 2개를 표시한 후 빵칼로 자르세요.

4 남은 부분에 15×7.5cm 직사각형 2개를 표시한 후 빵칼로 자르세요.

시럽 만들기

1 볼에 설탕과 물을 넣고 설탕이 녹을 때까지 끓이세요.

2 쿠앵트로를 넣어 섞은 후 식히세요.

화이트 초콜릿 무스 크림 만들기

1 냄비에 설탕과 물을 넣고 중불에 올려 117~118℃가 될 때까지 끓이세요.

2 볼에 달걀노른자를 넣고 거품기로 푼 후 **1**의 시럽을 조금씩 넣으면서 중속(3단)으로 휘핑하세요.

Point 시럽이 식으면서 덩어리지니 끊기지 않게 넣으세요.

3 연한 미색을 띠며 핸드믹서 날을 들었을 때 무겁게 떨어지는 정도가 될 때까지 휘핑하세요. → 과정 1~3을 파트 아 봄브 라고 합니다. p.43 참고

4 바닐라빈은 반으로 갈라 씨를 발라내세요.

5 새 냄비에 생크림 53g과 바닐라빈 껍질을 넣고 중불에 올리 세요.

6 표면이 바글바글 끓기 시작하면 불에서 내리세요. 바닐라빈 껍질을 건져내고 찬물에 불려 물기를 짠 젤라틴을 넣어 녹이 세요.

7 6을 새 볼에 옮겨 담고 화이트 초콜릿 커버추어를 넣어 주걱 으로 저어가며 녹이세요.
Point 완전히 녹지 않으면 전자레인지에 살짝 돌려 녹이세요.

8 3에 7을 넣고 거품기로 섞으세요.

9 새 볼에 생크림 150g을 넣고 60% 정도 올라올 때까지 휘핑하세요. → p.36 참고

10 8에 9를 넣고 거품기로 섞으세요.

마무리

1 틀에 15×15cm 비스퀴 1장을 깔고 시럽을 바르세요.

2 자몽 콩포트를 조금 떠서 펴 바르세요.

3 화이트 초콜릿 무스 크림을 짜주머니에 담아 사진과 같이 짜세요.

4 15×7.5cm 비스퀴 2장을 올리고 시럽을 바르세요.

5   다시 자몽 콩포트를 조금 떠서 펴 바르세요.

6   화이트 초콜릿 무스 크림을 틀에 채우듯이 짜세요.

7   나머지 15×15cm 비스퀴 1장을 올려 시럽을 바른 후 냉장
     고에 1시간 정도 넣어두세요.

8   냉장고에서 케이크를 꺼내 높이 1cm 각봉을 틀 위아래에
     놓으세요. → 높이 6cm 무스 틀을 사용하면 이 과정을 생략
     하세요.

9   냉장고에서 하루 숙성한 화이트 휩크림을 단단하면서 부드
     러운 크림이 될 때까지 중고속(4단)으로 휘핑하세요.

10   1.5cm 원형 깍지를 끼운 짜주머니에 화이트 휩크림을 담아
     8에 사진과 같이 짜세요.

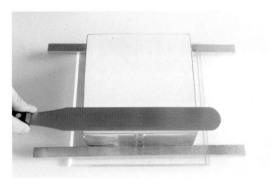

11 윗면을 스패출러로 매끄럽게 정리한 후 냉장고에 2~3시간 정도 넣어두세요.

12 자몽 1개는 흰 속껍질까지 깔끔하게 벗기세요.

13 칼로 자몽 중간중간의 흰 속껍질까지 제거하고 과육만 저미세요.

14 키친타월에 올려 물기를 빼세요.

15 핀셋으로 알갱이를 떼어내세요.

16 체에 담아 과즙을 빼세요.

17 냉장고에서 케이크를 꺼내 뜨거운 물수건으로 틀을 감싼 다음 위로 들어 올려 제거하세요.
Point 틀이 따뜻해지면서 단단했던 크림이 부드러워져 쉽게 분리됩니다.

18 짜주머니에 담은 화이트 휩크림을 사진과 같이 크고 작게 짜세요.

19 핀셋으로 **16**을 올려 예쁘게 장식하세요.

Baking Tip

- p.126~127 '자몽 콩포트 만들기'에서 자몽을 손질할 때 p.133 '마무리'의 장식용 자몽을 함께 손질해두면 편합니다.
- 무스 틀을 제거할 때 수건을 뜨거운 물에 담갔다가 짜서 틀을 감싸는 과정을 두 번 정도 반복하면 쉽게 분리됩니다.
- 이 레시피는 높이 6cm 무스 틀을 기준으로 완성했습니다. 만약 5cm 높이의 무스 틀을 갖고 있다면 p.132 '마무리' 과정 8을 참고하면 됩니다.

샤블레 브레통은 프랑스 브르타뉴 지방에서 탄생한 구움과자로 버터의 진한 풍미와 달콤하고 짭조름한 맛이 특징이에요.
레몬 딸기 리스 케이크를 샤블레 브레통으로 만들어봤어요. 토핑으로는 과일이나 견과류, 캐러멜과 궁합이 좋아요.

· Whole Cake ·

레몬 딸기 리스 케이크

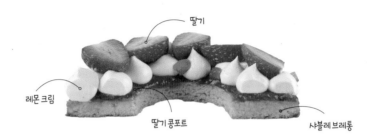

딸기

레몬 크림

딸기 콩포트

샤블레 브레통

난이도
중

틀 종류
18×2cm 원형 타르트 틀 1개

보관 기간
냉장 3일

오븐 온도와 시간
일반 오븐 : 180℃ 16~18분
컨벡션 오븐 : 180℃ 15~17분

재료 ————

샤블레 브레통
무염 버터 80g
설탕 75g
소금 1g
달걀노른자 35g
박력분 110g
베이킹파우더 5g

딸기 콩포트
딸기 130g(냉동 딸기로 대체 가능)
설탕 30g
레몬 껍질 3g(1/2개분)
레몬즙 6g
판 젤라틴 2g

레몬 크림
전란 72g
설탕 40g
레몬즙 65g
바닐라 익스트랙트 1작은술
무염 버터 145g

딸기 5~6개
애플민트 약간

사전 준비 ————

• 달걀노른자, 깍둑썰기한 무염 버터는 미리 실온에 꺼내두고 전란은 냉장고에 넣어둡니다.
• 판 젤라틴은 찬물에 불려 물기를 짜둡니다.
• 오븐 팬에 테플론 시트를 재단해 깔아둡니다.
• 오븐은 굽는 온도보다 10℃ 높은 190℃로 미리 예열합니다.

1 볼에 무염 버터와 설탕, 소금을 넣고 중고속(4단)으로 푸세요.

2 무염 버터와 설탕이 완전히 섞이면 달걀노른자 1/2을 넣어 중고속으로 휘핑하세요.

3 남은 달걀노른자를 넣고 휘핑하세요.
Point 많이 휘핑하면 구웠을 때 반죽이 너무 부풀기 때문에 적당히 휘핑해야 합니다.

4 박력분과 베이킹파우더를 체에 내려 넣으세요.

5 가루가 보이지 않을 때까지 주걱으로 섞으세요.

6 실리콘 매트에 **5**를 올려 스크래퍼로 반죽을 눌러 펴고 모으는 과정을 6~7번 정도 거치며 매끈한 반죽을 만드세요.
Point 이 작업을 프레제(fraiser)라고 하는데, 재료가 골고루 섞여 파삭한 식감을 내고, 과한 글루텐으로 반죽이 많이 퍼지거나 수축하는 것을 방지해줍니다.

7 종이 포일에 **6**을 올리세요.

8 다른 종이 포일로 반죽을 덮고 밀대로 밀어 높이가 1~1.2cm 정도 되게 평평하게 만드세요.
Point 유산지보다 두꺼운 종이 포일을 사용하는 게 좋습니다.

9 반죽을 18cm 원형 타르트 틀보다 조금 크게 만들어 냉장고에 6시간 이상 넣어두세요.

10 냉장고에서 반죽을 꺼내 종이 포일을 제거한 후 틀로 찍어 누르고 테두리의 반죽은 제거하세요.

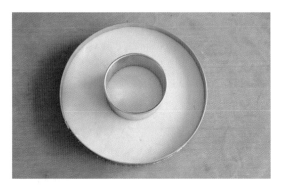

11 7cm 쿠키 커터로 가운데 부분을 찍어 누르세요.

12 미리 예열한 오븐에 180℃로 16~18분간 구운 후 바로 원형 틀과 쿠키 커터를 제거하고 완전히 식히세요.

1 레몬은 깨끗이 씻어 제스터로 껍질을 벗기세요.

2 껍질을 깐 레몬은 반으로 잘라 스퀴저로 즙을 내세요.

3 냄비에 딸기, 설탕, **1**의 레몬 껍질을 넣고 중불에 올려 끓이세요.
Point 냉동 딸기를 사용해도 됩니다.

4 어느 정도 수분이 나오면 주걱으로 딸기를 으깨세요.

5 냄비 바닥에 딸기즙이 조금 남을 때까지 졸인 후 레몬즙을 넣고 불에서 내리세요.

6 뜨거울 때 찬물에 불려 물기를 짠 젤라틴을 넣고 주걱으로 저어 녹인 후 식히세요.
Point 여름에는 판 젤라틴을 얼음물에 불려 사용하세요.

1   냄비에 전란을 넣고 거품기로 푸세요.

2   설탕을 넣고 섞으세요.

3   레몬즙을 넣고 섞으세요.

4   약불에 올려 거품기로 저으면서 끓이세요.
Point 불이 세면 달걀이 익기 때문에 약불에서 끓여야 합니다.

5   점도가 생길 때까지 빠르게 저어가며 끓이세요.

6   주걱으로 떴을 때 무겁게 떨어지는 정도가 되면 불에서 내리
세요.

7 6을 체에 한번 거르세요.
Point 체에 거르면 덩어리진 것 없이 더욱 부드럽고 매끈한 크림이 됩니다.

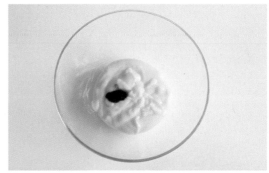

8 바닐라 익스트랙트를 넣고 거품기로 섞어 완전히 식히세요
(20~22℃).

9 8에 깍둑썰기한 무염 버터(20~23℃)를 5~6번에 나누어
넣으면서 그때마다 중속(3단)으로 휘핑하세요.
Point 고속(5단)으로 휘핑하면 공기가 많이 들어가 크림이 거칠어지기 때문
에 중속으로 휘핑해야 합니다.

10 주걱으로 볼 가장자리를 정리하세요.

마무리

1 딸기는 꼭지를 떼고 반으로 자르세요.

2 식힌 샤블레 브레통에 딸기 콩포트를 올려 스패출러로 평평
하게 펴 바르세요.

3 1.5cm 깍지를 끼운 짜주머니에 레몬 크림을 담아 빈틈없이 짜세요.

4 딸기와 애플민트를 올려 장식하세요.

- 샤블레 브레통을 만들 때 가운데를 뚫지 않고 원형으로 만들어도 됩니다.

- 샤블레 브레통 반죽은 6시간에서 하루 정도 충분히 휴지시키세요. 휴지 시간이 짧으면 구웠을 때 부풀지 않아 볼륨 없는 샤블레 브레통이 됩니다.

- 레몬 크림 온도가 너무 낮ㄴ 크림이 묵직해져 짜주머니에 담아 짜기 어렵습니다. 냉장 보관했다가 사용할 경우 전자레인지에 살짝 돌린 후 주걱으로 섞어 부드럽게 만든 후 사용하세요.

Part 2

간단한 재료로 폼 나게!

파운드케이크 & 크럼블케이크

파운드케이크는 집에서도 따라 만들기 쉬워서 인기가 많죠.
기본에 충실한 맛의 파운드케이크에 바닐라 휩크림을 동그랗게 얹어 바닐라의 풍부한 향을 즐길 수 있어요.
앙증맞은 모양 덕분에 여럿이 나눠 먹기 좋고 선물용으로도 제격이에요.

• Pound Cake •

바닐라 파운드케이크

바닐라빈 껍질

바닐라 휩크림

바닐라 파운드케이크

난이도
하

틀 종류
5×5×5cm 실리콘 큐브 틀 6개
(머핀 틀로 대체 가능)

보관 기간
냉장 5일

오븐 온도와 시간
일반 오븐 : 170℃ 20~22분
컨벡션 오븐 : 170℃ 18~20분

재료 ───────

파운드케이크
무염 버터 120g
설탕 90g
꿀 20g
바닐라빈 1/2개
전란 120g
박력분 90g
아몬드 가루 30g
베이킹파우더 3g

바닐라 휩크림
바닐라빈 1/2개
화이트 초콜릿 커버추어 70g
생크림 140g

설탕 적당량

사전 준비 ───────

• 무염 버터, 전란은 미리 실온에 꺼내둡니다.
• 화이트 초콜릿 커버추어는 실온에 녹여둡니다.
• 오븐은 굽는 온도보다 10℃ 높은 180℃로 예열합니다.

1 바닐라빈은 반으로 갈라 씨를 발라내세요.

2 볼에 화이트 초콜릿 커버추어와 뜨겁게 데운 생크림 (70~75℃)을 넣고 5분간 그대로 두어 녹이세요.
Point 완전히 녹지 않으면 전자레인지에 살짝 돌려 녹이세요.

3 바닐라빈씨 1/2을 넣으세요.

4 화이트 초콜릿 커버추어가 조금 녹으면 핸드블렌더로 가세요.

5 반죽 표면에 랩이 닿게 밀착시킨 후 냉장고에 하루 동안 넣어두세요.
Point 충분히 숙성해야 부드럽고 매끈한 크림이 됩니다.

1 볼에 무염 버터를 넣고 부드럽게 푸세요.

2 설탕과 꿀을 넣으세요.

3 하얘지면서 볼륨이 커질 때까지 고속(5단)으로 휘핑하세요.

4 남은 바닐라빈씨 1/2을 넣고 휘핑하세요.

5 전란을 풀어 6~7번에 나누어 넣으면서 그때마다 충분히 휘핑하세요.
Point 전란은 조금씩 나누어 넣으면서 충분히 휘핑해야 버터와 수분이 분리되는 것을 막을 수 있습니다.

6 주걱으로 볼 가장자리를 정리하세요.

7   박력분, 아몬드 가루, 베이킹파우더를 체에 내려 넣으세요.

8   가루가 보이지 않게 주걱으로 잘 섞으세요.

9   주걱으로 볼 가장자리를 정리하세요.

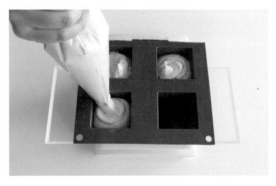

10   저울 위에 틀을 올리고 짜주머니에 **9**를 담아 같은 중량으로 나누어 짜세요. 틀에 80% 정도 채우세요.

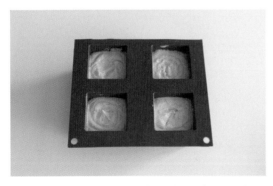

11   틀을 바닥에 두 번 정도 내리쳐 반죽을 평평하게 만드세요.

12   미리 예열한 오븐에 170℃로 20~22분간 구운 후 바로 틀에서 꺼내 완전히 식히세요.

마
무
리
———
○

1 냉장고에서 하루 숙성한 바닐라 휩크림을 중고속(4단)으로 휘핑하세요.

2 단단하면서 부드러운 크림이 되면 마무리하세요.

3 5cm 아이스크림 스쿠프로 **2**의 바닐라 휩크림을 떠서 파운드케이크 위에 올리세요. 바닐라빈 껍질을 설탕에 묻혀 바닐라 휩크림 위에 장식하세요.

• Pound Cake •

단호박 파운드케이크

단호박 크림

단호박 파운드케이크

단호박 큐브

난이도
하

틀 종류
5×5×5cm 실리콘 큐브 틀 6개
(머핀 틀로 대체 가능)

보관 기간
냉장 5일

오븐 온도와 시간
일반 오븐 : 170℃ 20~22분
컨벡션 오븐 : 170℃ 18~20분

재료 ───────

파운드케이크
단호박 페이스트 70g
단호박 큐브 70g
무염 버터 105g
설탕 40g
황설탕 40g
전란 90g
박력분 85g
아몬드 가루 36g
단호박 가루 8g
베이킹파우더 4g
생크림(또는 우유) 18g

단호박 크림
생크림 150g
설탕 17g
단호박 페이스트 75g

사전 준비 ───────

• 무염 버터, 전란, 파운드케이크용 생크림은 미리 실온에 꺼내두고 단호박 크림용 생크림은
  냉장고에 넣어둡니다.
• 오븐은 굽는 온도보다 10℃ 높은 180℃로 예열합니다.

단호박 특유의 향은 날아가고 달콤하고 담백한 맛만 남아 평소 단호박을 좋아하지 않는 분이라도 부담 없이 즐길 수 있어요.
씹히는 식감이 싫다면 단호박 큐브양을 줄이고 페이스트양을 늘려도 좋아요.

1 단호박은 껍질을 벗긴 후 페이스트용은 적당한 크기로 자르세요.

Point 단호박 페이스트용으로 145g이 필요한데, 전자레인지로 익히면 수분이 빠지므로 분량의 10% 정도 넉넉하게 준비하세요.

2 단호박 큐브용 70g은 깍둑썰기하세요.

3 단호박 페이스트용과 단호박 큐브를 내열 용기에 각각 담고 랩을 씌워 전자레인지로 익히세요.

Point 단호박 큐브는 너무 무르지 않게 익혀야 반죽과 섞을 때 뭉개지지 않습니다.

4 익힌 단호박 페이스트용은 으깨어 식히세요. 단호박 페이스트를 파운드케이크 반죽용(70g)과 단호박 크림용(75g)으로 나눕니다.

5 새 볼에 무염 버터를 넣어 부드럽게 풀고 설탕과 황설탕을 넣으세요.

6 하얘지면서 볼륨이 커질 때까지 고속(5단)으로 휘핑하세요.

7 전란을 풀어 6~7번에 나누어 넣으면서 그때마다 충분히 휘핑하세요.
Point 전란은 조금씩 나누어 넣으면서 충분히 휘핑해야 버터와 수분이 분리되는 것을 막을 수 있습니다.

8 단호박 페이스트 70g을 넣고 잘 섞일 때까지 중속(3단)으로 휘핑하세요.

9 박력분, 아몬드 가루, 단호박 가루, 베이킹파우더를 체에 내려 넣으세요.

10 주걱을 세워 가르듯 가볍게 섞으세요.

11 **3**의 단호박 큐브와 생크림을 넣고 섞으세요.

12 주걱으로 볼 가장자리를 정리하세요.

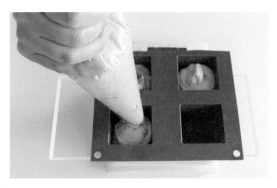

13 저울 위에 틀을 올리고 짜주머니에 **12**를 담아 같은 중량으로 나누어 짜세요. 틀에 80% 정도 채우세요.

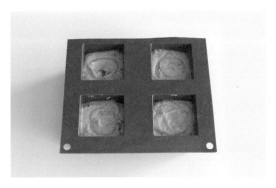

14 틀을 바닥에 두 번 정도 내리쳐 반죽을 평평하게 만드세요.

15 미리 예열한 오븐에 170℃로 20~22분간 구운 후 바로 틀에서 꺼내 완전히 식히세요.

단호박 크림 만들기 & 마무리 →

1 볼에 생크림과 설탕을 넣고 중고속(4단)으로 휘핑하세요.

2 80% 휘핑한 부드러운 크림이 되면 마무리하세요. → p.37 참고

3 단호박 페이스트 75g을 넣고 거품기로 섞으세요.

4 5cm 아이스크림 스쿠프로 **3**의 단호박 크림을 떠서 파운드
케이크 위에 올리세요.

레드 와인에 졸여 숙성한 무화과조림의 쫄깃함과 초콜릿 파운드케이크의 묵직한 식감이 잘 어우러지는 케이크예요.
초콜릿 파운드케이크에 와인 글레이즈를 묻혀 무화과조림으로 장식하면 고급스럽게 연출할 수 있어요.

• Pound Cake •

무화과 초콜릿 파운드케이크

무화과조림

와인 글레이즈

초콜릿 파운드케이크

난이도
하

틀 종류
5×5×5cm 실리콘 큐브 틀 6개
(머핀 틀로 대체 가능)

보관 기간
냉장 7일

오븐 온도와 시간
일반 오븐 : 170℃ 21~23분
컨벡션 오븐 : 170℃ 19~21분

재료 ──────

파운드케이크
다크 초콜릿 커버추어 60g
무염 버터 105g
슈거 파우더 60g
달걀노른자 27g
달걀흰자 60g
설탕 60g
박력분 75g
아몬드 가루 30g
소금 1/4작은술
베이킹파우더 3g
무화과조림 필링용 전량

무화과조림
반건조 무화과 필링용 75g
반건조 무화과 장식용 30g
레드 와인 70g
물 12g

와인 글레이즈
판 젤라틴 2g
레드 와인 105g
설탕 40g

사전 준비 ──────
• 무염 버터, 달걀노른자는 미리 실온에 꺼내두고 달걀흰자는 냉장고에 넣어둡니다.
• 판 젤라틴은 찬물에 불려 물기를 짜둡니다.
• 오븐은 굽는 온도보다 10℃ 높은 180℃로 예열합니다.

1 반건조 무화과 필링용은 적당한 크기로 자르고, 장식용은
1/2로 슬라이스하세요.

2 냄비에 반건조 무화과 필링용과 레드 와인, 물을 넣고 중불
에 올려 졸이세요.

3 절반 정도 졸여지면 약불로 줄이고 반건조 무화과 장식용을
넣으세요.

4 액체가 거의 없어질 때까지 졸인 후 불에서 내려 식히세요.

1 볼에 다크 초콜릿 커버추어를 담고 중탕이나 전자레인지로
녹인 후 식히세요(22~24℃).

2 새 볼에 무염 버터를 넣고 부드럽게 풀고 슈거 파우더를 넣
으세요.

3　하얘지면서 볼륨이 커질 때까지 고속(5단)으로 휘핑하세요.

4　달걀노른자를 넣고 뽀얘질 때까지 고속으로 충분히 휘핑하세요.

5　1을 넣고 잘 섞일 때까지 중속(3단)으로 휘핑하세요.

6　새 볼에 달걀흰자를 넣고 중속으로 휘핑하세요.

7　거품(맥주 거품 정도)이 올라오면 설탕 1/3을 넣고 30초 간 중속으로 휘핑하세요.

8　다시 설탕 1/3을 넣고 30초간 중속으로 휘핑하세요.

9 남은 설탕 1/3을 넣고 중고속(4단)으로 휘핑하세요. 핸드 믹서 날을 들었을 때 뭉뚝한 새 부리 모양이 되면 마무리하세요(80% 휘핑한 머랭). → p.35 참고

10 5에 9의 머랭 1/2을 넣고 주걱으로 섞으세요.

11 박력분, 아몬드 가루, 소금, 베이킹파우더를 체에 내려 넣으세요.

12 주걱을 세워 가르듯 가볍게 섞으세요.

13 가루가 약간 보일 때 9의 남은 머랭을 넣으세요.

14 윤기 나는 반죽이 될 때까지 주걱으로 가볍게 섞으세요.

15 무화과조림 필링용을 넣고 가볍게 섞으세요.

16 저울 위에 틀을 올리고 짜주머니에 **15**를 담아 같은 중량으로 나누어 짜세요. 틀에 80% 정도 채우세요.

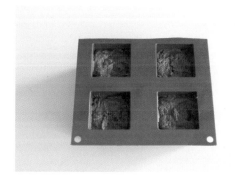

17 틀을 바닥에 두 번 정도 내리쳐 반죽을 평평하게 만드세요.

18 미리 예열한 오븐에 170℃로 21~23분간 구운 후 바로 틀에서 꺼내 완전히 식히세요.

1 냄비에 레드 와인과 설탕을 넣고 중불에 올려 80g 정도 될 때까지 졸이세요.

2 불에서 내려 새 볼에 담고 찬물에 불려 물기를 짠 젤라틴을 넣으세요.
Point 여름에는 판 젤라틴을 얼음물에 불려 사용하세요.

3 주걱으로 떴을 때 무겁게 떨어지는 농도(23~24℃)가 될 때까지 주걱으로 저으며 식히세요.
Point 온도가 낮으면 두껍고 얼룩덜룩하게 코팅되고, 온도가 높으면 얇게 코팅되어 주르륵 흐르므로 적당한 온도로 식혀야 합니다.

1 와인 글레이즈가 담긴 볼에 파운드케이크를 뒤집어 담갔다가 바로 꺼내세요.

2 와인 글레이즈가 굳으면 무화과조림 장식용을 올리세요.

∘ Crumble Cake ∘

콘치즈 크럼블케이크

콘 크럼블

옥수수 케이크

옥수수 알갱이

난이도
중

틀 종류
18×5cm 정사각 무스 틀(2호)
1개

보관 기간
냉장 4일

오븐 온도와 시간
일반 오븐 : 170℃ 48~53분
컨벡션 오븐 : 170℃ 45~50분

재료

콘 크럼블
옥수숫가루(알파콘) 40g
파르메산 치즈 가루 35g
박력분 175g
설탕 60g
소금 1g
베이킹파우더 1g
무염 버터 150g

옥수수 케이크
옥수수 통조림 150g
무염 버터 15g
소금 1.5g
생크림 150g
크림치즈 300g
설탕 90g
전란 83g
옥수수 전분 22g

사전 준비
- 생크림, 크림치즈, 전란은 미리 실온에 꺼내두고 콘 크럼블용 무염 버터는 깍둑썰기해 냉장고에 넣어둡니다.
- 옥수수 전분은 체에 내립니다.
- 틀에 유산지를 재단해 깔아둡니다.
- 오븐은 굽는 온도보다 10℃ 높은 180℃로 예열합니다.

옥수수의 톡톡 터지는 식감에 꾸덕한 크림치즈의 진한 맛이 더해져 한 입 맛보면 자꾸만 생각납니다.
우유와 함께 즐기면 한 끼 식사 대용으로도 든든하고 아이들 간식용으로도 좋습니다.

1 푸드 프로세서에 옥수숫가루, 파르메산 치즈 가루, 박력분,
설탕, 소금, 베이킹파우더를 넣고 가루가 잘 섞일 때까지 믹
싱하세요.

2 깍둑썰기한 무염 버터를 넣으세요.

3 무염 버터가 가루와 섞여 보슬보슬해질 때까지 믹싱하세요.

4 살짝 덩어리로 뭉쳐질 때까지 믹싱해 크럼블을 만드세요.

5 테플론 시트를 깐 오븐 팬에 틀을 올려 콘 크럼블 1/2을 담고
나머지는 옆에 펼쳐놓으세요.

6 틀에 담은 콘 크럼블은 손으로 눌러 평평하게 만들어서 미리
예열한 오븐에 170℃로 8분간 구워 식히세요.

Point 크럼블은 색이 거의 나지 않을 정도로 구우세요. 옥수수 케이크 반죽
에 올려 다시 한번 구울 것이라 오래 구우면 색이 너무 진해지기 때문
입니다.

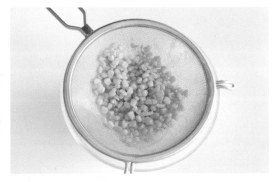

1 옥수수 통조림은 체에 담아 물기를 빼세요.

2 냄비에 **1**과 무염 버터, 소금을 넣고 중불에 올려 수분이 거의 없어질 때까지 볶으세요.

3 생크림에 **2**를 넣고 옥수수 알갱이가 1/3 정도 남을 때까지 핸드블렌더로 가세요.
Point 취향에 따라 더 곱게 또는 거칠게 갈아도 됩니다.

4 새 볼에 크림치즈와 설탕을 넣고 거품기로 섞으세요.

5 전란을 넣고 충분히 섞으세요.

6 옥수수 전분을 넣고 섞으세요.

7 3을 넣고 주걱으로 섞으세요.

8 식힌 콘 크럼블 위에 옥수수 케이크 반죽을 올리세요.

9 남은 크럼블을 올린 후 미리 예열한 오븐에 170℃로 48~ 53분간 구우세요.

⟨ **Baking Tip** ⟩

- 케이크 반죽에 굽지 않은 크럼블을 올려 구우면 포슬포슬한 크럼블이 되지 않고 크럼블이 서로 달라붙게 됩니다. 케이크 반죽에 구운 크럼블을 올려 다시 한번 구우면 시간이 지나도 눅눅해지지 않고 바삭한 크럼블을 맛볼 수 있습니다.

- 콘치즈 크럼블케이크는 다른 크럼블케이크보다 5~10분 정도 더 굽기 때문에 콘 크럼블 색이 짙다면 굽는 중간에 종이 포일을 덮어 색이 더 진해지는 것을 방지합니다.

- 완성된 콘치즈 크럼블케이크는 오븐에서 꺼내 식힌 후 냉장고에 하루 정도 숙성하면 더 진한 풍미를 즐길 수 있습니다.

녹차로 만든 디저트를 좋아하는 분이라면 무척 반가울 만한 크럼블케이크예요.
말차의 쌉싸름하고 부드러운 맛과 보석처럼 박힌 가나슈의 식감이 잘 어우러져 진한 풍미를 즐길 수 있답니다.

○ Crumble Cake ○

말차 가나슈 크럼블케이크

크럼블

가나슈

말차 브라우니

난이도
중

틀 종류
12×5cm 정사각 무스 틀(미니)
1개(가나슈용)
18×5cm 정사각 무스 틀(2호)
1개(크럼블용)

보관 기간
냉장 7일

오븐 온도와 시간
일반 오븐 : 170℃ 38~42분
컨벡션 오븐 : 170℃ 35~40분

재료 ————

크럼블
박력분 180g
아몬드 가루 70g
설탕 50g
소금 1꼬집
베이킹파우더 1g
무염 버터 125g

말차 브라우니
화이트 초콜릿 커버추어 135g
무염 버터 80g
설탕 65g
소금 1꼬집
전란 110~114g(2개)
우유 40g
박력분 66g
말차 가루 14g

가나슈
다크 초콜릿 커버추어 110g
생크림 110g

사전 준비 ————

- 전란, 우유는 미리 실온에 꺼내두고 크럼블용 무염 버터는 깍둑썰기해 냉장고에 넣어둡니다.
- 틀 2개에 각각 유산지를 재단해 깔아둡니다.
- 오븐은 굽는 온도보다 10℃ 높은 180℃로 예열합니다.

1 볼에 다크 초콜릿 커버추어와 뜨겁게 데운 생크림(70~75℃)을 넣으세요.
Point 완전히 녹지 않으면 전자레인지에 살짝 돌려 녹이세요.

2 볼 가운데를 중심으로 완전히 유화되도록 주걱으로 잘 저으세요.

3 12cm 틀에 부어 단단하게 굳을 때까지 냉동하세요.
Point 크기가 비슷한 밀폐 용기에 넣어 굳혀도 됩니다.

1 푸드 프로세서에 박력분, 아몬드 가루, 설탕, 소금, 베이킹파우더를 넣고 가루가 잘 섞일 때까지 믹싱하세요.

2 깍둑썰기한 무염 버터를 넣으세요.

3 무염 버터가 가루와 섞여 보슬보슬해질 때까지 믹싱하세요.

4 살짝 덩어리로 뭉쳐질 때까지 믹싱해 크럼블을 만드세요.

5 테플론 시트를 깐 오븐 팬에 틀을 올려 크럼블 1/2을 담고 나머지는 옆에 펼쳐놓으세요.

6 틀에 담은 크럼블은 손으로 눌러 평평하게 만들어서 미리 예열한 오븐에 170℃로 8분간 구워 식히세요.
Point 크럼블은 색이 거의 나지 않을 정도로 구우세요. 말차 브라우니 반죽에 올려 다시 한번 구울 것이라 여기서 오래 구우면 색이 너무 진해지기 때문입니다.

말차 브라우니 만들기 & 마무리 ──o

1 볼에 화이트 초콜릿 커버추어와 무염 버터를 넣고 중탕으로 녹이세요(40~50℃).
Point 전자레인지로 2/3 정도 녹인 후 상온에서 녹여도 됩니다. 너무 높은 온도에서 녹이면 브라우니 식감이 좋지 않을 수 있습니다.

2 2/3 정도 녹으면 불에서 내린 후 주걱으로 저어 완전히 녹이세요.

3 설탕과 소금을 넣고 거품기로 섞으세요.

4 전란 1/2을 넣고 충분히 섞으세요.

5 남은 전란을 넣고 충분히 섞으세요.

6 우유를 넣고 섞으세요.

7 박력분, 말차 가루를 체에 내려 넣고 충분히 섞으세요.

8 랩을 씌워 냉장고에 1시간 정도 넣어두세요. 살짝 되직해진 반죽이 만들어집니다.

9 굳은 가나슈를 적당한 크기로 자르세요.

10 식힌 크럼블 위에 말차 브라우니 반죽을 올리고 가나슈를 적당히 얹으세요.

11 남은 크럼블을 올린 후 미리 예열한 오븐에 170℃로 38~ 42분간 구우세요.

Baking Tip

• 브라우니에 굽지 않은 크럼블을 올려 구우면 포슬포슬한 크럼블이 되지 않고 크럼블이 서로 달라붙게 됩니다. 브라우니에 구운 크럼블을 올려 다시 한번 구우면 시간이 지나도 눅눅해지지 않고 바삭한 크럼블을 맛볼 수 있습니다.

흑임자 브라우니 크럼블케이크

흑임자 크럼블

크림치즈

흑임자 브라우니

		🧊	⏲️
난이도	**틀 종류**	**보관 기간**	**오븐 온도와 시간**
중	18×5cm 정사각 무스 틀(2호) 1개	냉장 7일	일반 오븐 : 170℃ 38~43분 컨벡션 오븐 : 170℃ 35~40분

재료 ————————

흑임자 크럼블
박력분 150g
아몬드 가루 45g
흑임자 가루 35g + 35g
설탕 50g
소금 1꼬집
베이킹파우더 1g
무염 버터 110g

흑임자 브라우니
화이트 초콜릿 커버추어 150g
무염 버터 80g
설탕 70g
소금 1꼬집
전란 113~116g(2개)
박력분 40g
흑임자 가루 45g
크림치즈 100g

사전 준비 ————————

• 전란은 미리 실온에 꺼내두고 흑임자 크럼블용 무염 버터는 깍둑썰기해 냉장고에 넣어둡니다.
• 틀에 유산지를 재단해 깔아둡니다.
• 오븐은 굽는 온도보다 10℃ 높은 180℃로 예열합니다.

흑임자 크럼블 위에 흑임자 브라우니를 올리고 크림치즈를 콕 박아 완성한 케이크예요.
흑임자 크럼블의 고소함과 크림치즈의 짭짤함이 잘 어우러져 달달한 디저트를 좋아하지 않는 분도 맛있게 드실 수 있어요.

1 푸드 프로세서에 박력분, 아몬드 가루, 흑임자 가루 35g, 설탕, 소금, 베이킹파우더를 넣고 가루가 잘 섞일 때까지 믹싱하세요.

2 깍둑썰기한 무염 버터를 넣으세요.

3 무염 버터가 가루와 섞여 보슬보슬해질 때까지 믹싱하세요.

4 나머지 흑임자 가루 35g을 넣고 살짝 덩어리로 뭉쳐질 때까지 믹싱해 크럼블을 만드세요.
Point 흑임자 가루를 두 번에 나누어 넣는 이유는 유분이 많아 한꺼번에 넣고 믹싱하면 뭉쳐진 듯한 느낌의 크럼블이 만들어지기 때문입니다.

5 테플론 시트를 깐 오븐 팬에 틀을 올려 흑임자 크럼블 1/2을 담고 나머지는 옆에 펼쳐놓으세요.

6 틀에 담은 흑임자 크럼블은 손으로 눌러 평평하게 만들어서 미리 예열한 오븐에 170℃로 8분간 구워 식히세요.
Point 크럼블은 색이 거의 나지 않을 정도로 구우세요. 흑임자 브라우니 반죽에 올려 다시 한번 구울 것이라 여기서 오래 구우면 색이 너무 진해지기 때문입니다.

1 볼에 화이트 초콜릿 커버추어와 무염 버터를 넣고 중탕으로 녹이세요(40~50℃).

Point 전자레인지로 2/3 정도 녹인 후 상온에서 녹여도 됩니다. 너무 높은 온도에서 녹이면 브라우니 식감이 좋지 않을 수 있습니다.

2 2/3 정도 녹으면 불에서 내린 후 주걱으로 저어 완전히 녹이세요.

3 설탕과 소금을 넣고 거품기로 섞으세요.

4 전란 1/2을 넣고 충분히 섞으세요.

5 남은 전란을 넣고 충분히 섞으세요.

6 박력분, 흑임자 가루를 체에 내려 넣고 충분히 섞으세요.

7 랩을 씌워 냉장고에 1시간 정도 넣어두세요. 살짝 되직해진 반죽이 만들어집니다.

8 크림치즈를 적당한 크기로 자르세요.

9 식힌 흑임자 크럼블 위에 흑임자 브라우니 반죽을 올리고 크림치즈를 적당히 얹으세요.

10 남은 흑임자 크럼블을 올린 후 미리 예열한 오븐에 170℃로 38~43분간 구우세요.
Point 너무 오래 구우면 퍽퍽해지므로 적당히 구우세요.

Part 3

촉촉하고 폭신하게!
롤케이크 & 시폰케이크

롤케이크는 특별한 날이 아니더라도 부담 없이 즐기기 좋은 케이크예요.
수플레 롤케이크는 눈처럼 사르르 녹는 폭신한 식감과 달콤한 풍미가 일반 롤케이크와는 또 다른 매력을 선사합니다.

수플레 롤케이크

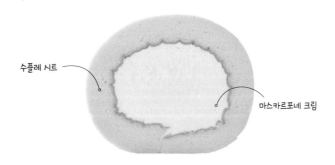

수플레 시트

마스카르포네 크림

난이도
중

팬 종류
36×27×2.5cm 롤케이크 팬 1개

보관 기간
냉장 3일

오븐 온도와 시간
일반 오븐 : 180℃ 14~16분
컨벡션 오븐 : 180℃ 13~14분

재료 ————————

수플레 시트
전란 95g
달걀노른자 90g
달걀흰자 185g
설탕 133g
무염 버터 67g
박력분 73g
강력분 23g
우유 100g

마스카르포네 크림
생크림 270g
마스카르포네 치즈 30g
설탕 25g

사전 준비 ————————

- 전란, 달걀노른자, 무염 버터는 미리 실온에 꺼내두고 달걀흰자, 생크림, 마스카르포네 치즈는 냉장고에 넣어둡니다.
- 박력분, 강력분은 체에 내립니다.
- 롤케이크 팬에 테플론 시트를 재단해 깔아둡니다.
- 오븐은 굽는 온도보다 10℃ 높은 190℃로 예열합니다.

1 볼에 전란과 달걀노른자를 넣고 섞으세요.

2 팬에 무염 버터를 넣고 중불에 올려 완전히 녹이세요.

3 팬을 불에서 내리고 박력분과 강력분을 넣으세요.

4 가루가 보이지 않고 매끈해질 때까지 주걱으로 섞으세요.

5 팬을 다시 약불에 올려 윤기가 날 때까지 1분간 볶으세요.
Point 너무 높은 온도에서 볶거나 오래 볶으면 시트 식감이 단단해집니다.

6 팬을 불에서 내리고 볼에 **5**를 옮겨 담으세요.

7 **1**의 1/2을 넣어 거품기로 섞다가 완전히 다 섞으면 남은 분량을 넣고 다시 섞으세요.
Point 달걀이 익지 않도록 빠르게 섞으세요.

8 따듯하게 데운 우유(40~45℃)를 두 번에 나누어 넣으면서 그때마다 거품기로 섞으세요.
Point 호화가 잘되게 하기 위해 따듯하게 데운 우유를 사용합니다. 호화가 잘되지 않으면 시트가 얇아지거나 식감이 단단해집니다.

9 **8**을 체에 한번 거르세요.
Point 체에 거르면 덩어리진 것 없이 더욱 부드러운 반죽이 됩니다.

10 새 볼에 달걀흰자를 넣고 중속(3단)으로 휘핑하세요.

11 거품(맥주 거품 정도)이 올라오면 설탕 1/3을 넣고 30초간 중속으로 휘핑하세요.

12 다시 설탕 1/3을 넣고 30초간 중속으로 휘핑하세요.

13 남은 설탕 1/3을 넣고 중고속(4단)으로 휘핑하세요.

14 핸드믹서 날을 들었을 때 뾰족한 새 부리 모양이 되면 마무리하세요(90% 휘핑한 머랭). → p.35 참고

15 2분간 저속(1단)으로 기공을 정리하세요.

16 9에 15의 머랭 1/3을 넣고 거품기로 섞으세요.

17 남은 머랭에 16을 넣고 완전히 혼합되도록 주걱으로 잘 섞으세요.

18 테플론 시트를 깐 롤케이크 팬에 반죽을 넣고 스크래퍼로 가장자리부터 채운 다음 평평하게 펴세요.
Point 스크래퍼로 가장자리부터 반죽을 채워야 평평하게 만들 수 있습니다.

19 미리 예열한 오븐에 180℃로 14~16분간 구우세요.

20 바로 틀에서 꺼내 식힘 망에 올려 완전히 식힌 후 수플레 시트를 뒤집어 테플론 시트를 떼어내세요.
Point 충분히 식혀야 테플론 시트가 잘 떼어집니다.

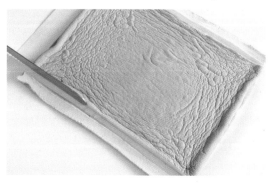

21 시트 양쪽 끝부분이 심하게 부풀거나 지저분하면 빵칼로 조금씩 잘라내세요. 자르지 않고 사용해도 됩니다.

마스카르포네 크림 만들기 ───○

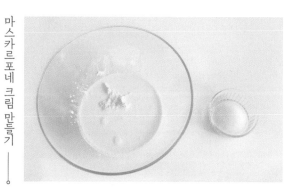

1 볼에 생크림, 마스카르포네 치즈, 설탕을 넣고 중고속(4단)으로 휘핑하세요.

2 단단하면서 부드러운 크림이 되면 마무리하세요.
Point 크림을 단단하게 휘핑해야 롤을 말았을 때 모양이 동그랗게 유지됩니다.

1 유산지 위에 수플레 시트를 놓고 마스카르포네 크림 1/2을 올리세요.

2 스패출러로 평평하게 펴 바르세요.

3 남은 마스카르포네 크림을 수플레 시트 1/3 지점에 올려 도톰하게 올라오게 만드세요.
Point 1/3 지점을 도톰하게 만들면 케이크를 말 때 빈 공간 없이 크림이 채워지면서 예쁘게 말려요.

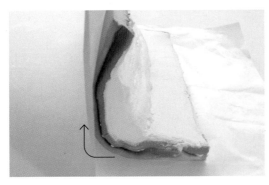

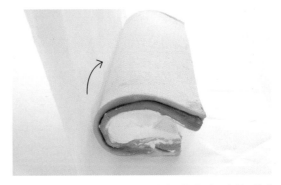

4 롤을 말기 시작하는 쪽의 유산지를 직각이 될 정도로 들어 올리세요.

5 유산지를 계속 앞쪽으로 당기면 수플레 시트가 동그랗게 말려요.

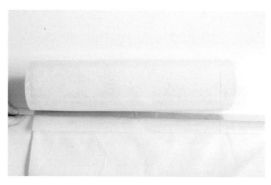

6 유산지를 다시 위쪽으로 들어 올리면 수플레 시트가 약간 구르면서 동그란 모양이 만들어져요.

7 자를 이용해 말린 끝부분을 타이트하게 당겨 모양을 잡고 유산지를 돌돌 말아 테이프로 고정하세요.

8 시트 도마 위에 **7**을 놓고 다시 동그랗게 말아 테이프로 고정한 후 냉장고에 3시간 정도 넣어두세요.

Point 시트 도마를 사용하면 말린 모양대로 잘 유지됩니다.

Baking Tip

• 수플레 롤케이크는 수분이 많기 때문에 팬에 구울 때 유산지가 아닌 테플론 시트를 사용해야 구워 식힌 후 깔끔하게 떼어집니다. 또 시트 바닥 면이 주름 지지 않아 롤을 말았을 때 매끄러운 모양이 됩니다.

딸기 카스텔라 롤케이크

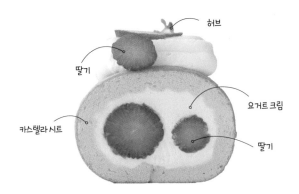

허브

딸기

요거트 크림

카스텔라 시트

딸기

난이도
중

팬 종류
36×27×2.5cm 롤케이크 팬 1개

보관 기간
냉장 3일

오븐 온도와 시간
일반 오븐 : 180℃ 12~13분
컨벡션 오븐 : 180℃ 11~12분

재료 ─────────

카스텔라 시트
달걀노른자 126~128g(7개분)
설탕 25g
달걀흰자 150~152g(4개분)
설탕 70g
박력분 70g
무염 버터 18g
우유 35g

요거트 크림
생크림 270g
플레인 요거트 60g
연유 30g
설탕 10g

샹티 크림
생크림 100g
설탕 10g

딸기 10개 내외
허브류 약간

사전 준비 ─────────
• 달걀노른자, 무염 버터는 미리 실온에 꺼내두고 달걀흰자, 생크림, 플레인 요거트는 냉장고에 넣어둡니다.
• 박력분은 체에 내립니다.
• 롤케이크 팬에 테플론 시트를 재단해 깔아둡니다.
• 오븐은 굽는 온도보다 10℃ 높은 190℃로 예열합니다.

봄이 제철인 생딸기를 이용한 롤케이크로, 딸기의 상큼함과 딸기를 감싼 생크림의 달콤함을
두루 즐길 수 있어요. 과일을 취향대로 넣어 만들어도 좋아요.

1 볼에 달걀노른자와 설탕 25g을 넣고 고속(5단)으로 휘핑
하세요.

2 연한 미색을 띠며 핸드믹서 날을 들었을 때 무겁게 떨어지는
정도가 될 때까지 휘핑하세요.

3 새 볼에 달걀흰자를 넣고 중속(3단)으로 휘핑하세요.

4 거품(맥주 거품 정도)이 올라오면 설탕 70g의 1/3을 넣고
30초간 중속으로 휘핑하세요.

5 다시 설탕 1/3을 넣고 30초간 중속으로 휘핑하세요.

6 남은 설탕 1/3을 넣고 중고속(4단)으로 휘핑하세요.

7 핸드믹서 날을 들었을 때 뾰족한 새 부리 모양이 되면 마무리하세요(90% 휘핑한 머랭). → p.35 참고

8 2분간 저속(1단)으로 기공을 정리하세요.

9 **2**에 **8**의 머랭 1/3을 넣고 완전히 혼합되도록 거품기로 섞으세요.

10 박력분을 한 번 더 체에 내려 넣으세요.

11 가루가 뭉치지 않게 주걱으로 가볍게 섞어 윤기 있는 반죽을 만드세요.

12 남은 머랭을 넣고 가볍게 섞으세요.

13 무염 버터와 우유는 전자레인지에 녹여 뜨겁게 만드세요 (58~60℃).

14 13에 12의 반죽 일부를 넣고 주걱으로 섞으세요.

15 남은 반죽에 14를 넣고 바닥까지 훑으며 섞으세요.

16 유산지를 깐 롤케이크 팬에 반죽을 넣고 스크래퍼로 가장자 리부터 채운 다음 평평하게 펴세요.

Point 스크래퍼로 가장자리부터 반죽을 채워야 평평하게 만들 수 있습니다.

17 미리 예열한 오븐에 180℃로 12~13분간 구우세요.

18 바로 틀에서 꺼내 식힘 망에 올려 완전히 식힌 후 카스텔라 시트를 뒤집어 유산지를 떼어내세요.

Point 충분히 식혀야 유산지가 잘 떼어집니다. 시트 양쪽 끝부분이 심하게 부풀거나 지저분하면 빵칼로 조금씩 잘라내세요. 자르지 않고 사용해 도 됩니다.

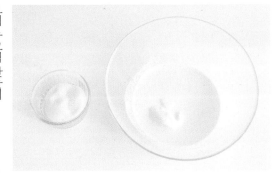

1 볼에 생크림, 플레인 요거트, 연유, 설탕을 넣고 중고속(4단)으로 휘핑하세요.

2 단단하면서 부드러운 크림이 되면 마무리하세요.
Point 크림을 단단하게 휘핑해야 롤을 말았을 때 모양이 동그랗게 유지됩니다.

1 딸기는 꼭지를 떼고 1/2은 반으로 자르세요.

2 유산지 위에 카스텔라 시트를 놓고 요거트 크림 1/2을 올리세요.

3 스패츌러로 평평하게 펴 바르세요.

4 남은 요거트 크림을 카스텔라 시트 1/3 지점에 올려 도톰하게 올라오게 만드세요.
Point 1/3 지점을 도톰하게 만들면 케이크를 말 때 빈 공간 없이 크림이 채워지면서 예쁘게 말려요.

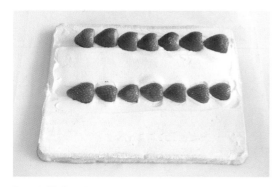

5 　중앙에는 반으로 자른 딸기의 단면이 요거트 크림에 닿게, 롤을 말기 시작하는 쪽에는 딸기를 통째로 일렬로 올리세요.

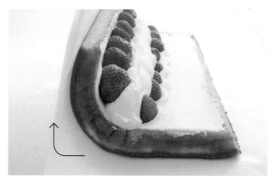

6 　롤을 말기 시작하는 쪽의 유산지를 직각이 될 정도로 들어 올리세요.

7 　유산지를 계속 앞쪽으로 당기면 카스텔라 시트가 동그랗게 말려요.

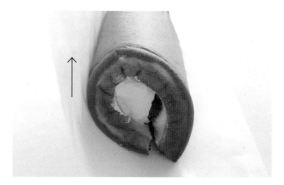

8 　유산지를 다시 위쪽으로 들어 올리면 카스텔라 시트가 약간 구르면서 동그란 모양이 만들어져요.

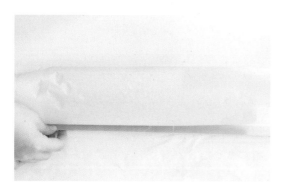

9 　자를 이용해 말린 끝부분을 타이트하게 당겨 모양을 잡고 유 산지를 돌돌 말아 테이프로 고정하세요.

10 　시트 도마 위에 **9**를 놓고 다시 동그랗게 말아 테이프로 고정 한 후 냉장고에 3시간 정도 넣어두세요.
Point 　시트 도마를 사용하면 말린 모양대로 잘 유지됩니다.

샹티 크림 만들기 & 마무리 ②

1 볼에 생크림, 설탕을 넣고 중속(3단)으로 휘핑하세요.

2 80% 휘핑한 부드러운 크림이 되면 마무리하세요. → p.37 참고

3 짜주머니에 **2**를 담고 뾰족한 부분을 사선으로 자르세요.

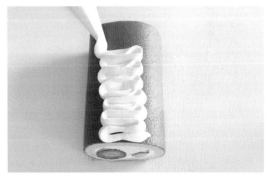

4 롤케이크 위에 샹티 크림을 사진과 같이 짜세요.

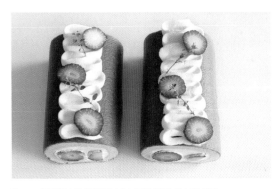

5 슬라이스한 딸기와 허브 등을 올려 장식하세요.

Baking Tip

• 바닥 면으로 말 때 주름지는 것을 방지하기 위해 테플론 시트를 사용했지만 윗면에 보이게 마는 롤이기 때문에 유산지를 써도 됩니다.

• 사용하고 남은 달걀흰자는 p.218 딸기 화이트 롤케이크 만들 때 사용해도 됩니다. 달걀흰자는 약 2주간 냉동 보관 가능합니다.

쌉싸름한 말차 향기가 입안 가득 퍼져 차와 잘 어울리는 롤케이크입니다.
말차 시폰 시트에 샹티 크림을 듬뿍 올려 돌돌 만 후 말차 가나슈를 매끈하게 발라 고급스럽게 연출했어요.

말차 가나슈 롤케이크

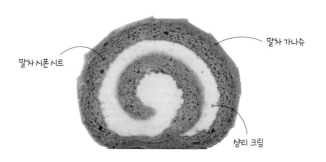

말차 가나슈

말차 시폰 시트

샹티 크림

난이도
중

팬 종류
36×27×2.5cm 롤케이크 팬 1개

보관 기간
냉장 3일

오븐 온도와 시간
일반 오븐 : 195℃ 10~11분
컨벡션 오븐 : 195℃ 8~10분

재료 ————————

말차 시폰 시트
달걀노른자 100g(5개분)
설탕 20g
달걀흰자 160g(4개분)
설탕 60g
박력분 40g
말차 가루 6g
무염 버터 40g

샹티 크림
생크림 220g
설탕 20g

말차 가나슈
화이트 초콜릿 커버추어 55g
말차 가루 6g
생크림 50g
무염 버터 35g

사전 준비 ————————

• 달걀노른자, 말차 가나슈용 무염 버터는 깍둑썰기해 미리 실온에 꺼내두고 달걀흰자, 생크림은 냉장고에 넣어둡니다.
• 박력분, 말차 가루는 체에 내립니다.
• 롤케이크 팬에 테플론 시트를 재단해 깔아둡니다.
• 오븐은 굽는 온도보다 10℃ 높은 205℃로 예열합니다.

1 볼에 달걀노른자와 설탕 20g을 넣고 고속(5단)으로 휘핑 하세요.

2 연한 미색을 띠며 핸드믹서 날을 들었을 때 무겁게 떨어지는 정도가 될 때까지 휘핑하세요.

3 새 볼에 달걀흰자를 넣고 중속(3단)으로 휘핑하세요.

4 거품(맥주 거품 정도)이 올라오면 설탕 60g의 1/3을 넣고 30초간 중속으로 휘핑하세요.

5 다시 설탕 1/3을 넣고 30초간 중속으로 휘핑하세요.

6 남은 설탕 1/3을 넣고 중고속(4단)으로 휘핑하세요.

7 핸드믹서 날을 들었을 때 뾰족한 새 부리 모양이 되면 마무리하세요(90% 휘핑한 머랭). → p.35 참고

8 2분간 저속(1단)으로 기공을 정리하세요.

9 8에 2를 넣고 완전히 혼합되도록 거품기로 섞으세요.

10 박력분, 말차 가루를 한 번 더 체에 내려 넣으세요.

11 가루가 뭉치지 않게 주걱으로 가볍게 섞어 윤기 있는 반죽을 만드세요.

12 무염 버터는 전자레인지에 녹여 뜨겁게 만드세요(58~60℃).

13 12에 11의 반죽 일부를 넣고 주걱으로 섞으세요.

14 남은 반죽에 13을 넣고 바닥까지 훑으며 섞으세요.

15 테플론 시트를 깐 롤케이크 팬에 반죽을 넣고 스크래퍼로 가장자리부터 채운 다음 평평하게 펴세요.
Point 스크래퍼로 가장자리부터 반죽을 채워야 평평하게 만들 수 있습니다.

16 미리 예열한 오븐에 195℃로 10~11분간 구우세요.

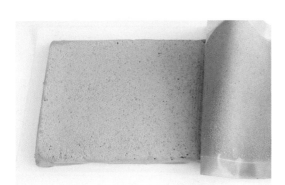

17 바로 틀에서 꺼내 식힘 망에 올려 완전히 식힌 후 말차 시폰 시트를 뒤집어 테플론 시트를 떼어내세요.
Point 충분히 식혀야 테플론 시트가 잘 떼어집니다.

샹티 크림 만들기

1 볼에 생크림과 설탕을 넣고 중고속(4단)으로 휘핑하세요.

2 90% 휘핑한 단단하면서 부드러운 크림이 되면 마무리하세요. → p.37 참고
Point 크림을 단단하게 휘핑해야 롤을 말았을 때 모양이 동그랗게 유지됩니다.

마무리①

1 유산지 위에 말차 시폰 시트를 놓고 칼날을 살짝 눕혀 한쪽 끝을 사선으로 자르세요.

2 반대쪽 끝은 수직으로 자르세요. 이쪽이 처음 말릴 부분이에요.
Point 처음 말리는 부분은 수직으로, 끝부분은 사선으로 잘라야 말았을 때 모양이 예쁩니다.

3 샹티 크림을 올려 스패출러로 평평하게 펴 바르세요.

4 처음 마는 부분(수직으로 자른)부터 최대한 동그랗게 모양을 잡아 돌돌 마세요.
Point 처음 말 때 모양을 예쁘게 잡아줘야 잘랐을 때 롤케이크 모양이 동그랗고 선명합니다.

5 롤케이크 안쪽이 예쁘게 말리도록 동그랗게 모양을 잡으면서 끝까지 돌돌 마세요.

6 롤케이크 시트 바닥에 깔린 유산지로 타이트하게 마세요.

7 테이프로 고정하세요.

8 시트 도마 위에 **7**을 놓고 다시 동그랗게 말아 테이프로 고정한 후 냉장고에 3시간 정도 넣어두세요.
Point 시트 도마를 사용하면 말린 모양대로 잘 유지됩니다.

말차 가나슈 만들기

1 볼에 화이트 초콜릿 커버추어를 넣고 중탕이나 전자레인지로 녹이세요.

2 말차 가루를 체에 내려 넣고 가루가 뭉치지 않게 주걱으로 잘 섞으세요.

3 따듯하게 데운 생크림(40~45℃)을 넣으세요.

4 볼 가운데를 중심으로 완전히 유화되도록 주걱으로 잘 저으세요.

5 무염 버터를 넣고 녹을 때까지 주걱으로 섞으세요.
Point 완전히 녹지 않으면 전자레인지에 살짝 돌려 녹이세요.

6 되직해질 때까지 충분히 식히세요(21~22℃).
Point 주걱으로 떴을 때 흐르지 않을 정도여야 두껍게 바를 수 있습니다.

마무리 ②

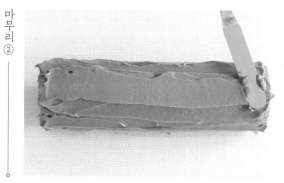

1 미니 스패출러로 말차 가나슈를 롤케이크 전체에 골고루 펴 바르세요.

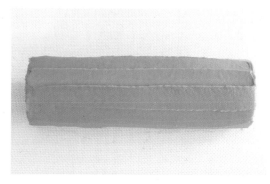

2 스패출러로 사진과 같이 모양을 낸 다음 양쪽 끝을 깔끔하게 정리하세요. 냉장고에 1시간 정도 넣어두세요.

오징어 먹물 고르곤졸라 롤케이크

고르곤졸라 치즈

치즈 크림

허니 치즈 크림

오징어 먹물 비스퀴

난이도
중

팬 종류
36×27×2.5cm 롤케이크 팬 1개

보관 기간
냉장 3일

오븐 온도와 시간
일반 오븐 : 190℃ 9~11분
컨벡션 오븐 : 190℃ 8~10분

재료 ────

오징어 먹물 비스퀴
달걀노른자 53~54g (3개분)
설탕 33g
달걀흰자 78~80g (2개분)
설탕 45g
오징어 먹물 6g (겔 상태)
박력분 80g
슈거 파우더 적당량

허니 치즈 크림
크림치즈 80g
고르곤졸라 18g
꿀 15g
설탕 20g
생크림 130g

치즈 크림
크림치즈 15g
생크림 90g
설탕 10g

고르곤졸라 치즈 적당량

사전 준비 ────
• 달걀노른자, 허니 치즈 크림용 크림치즈, 고르곤졸라는 미리 실온에 꺼내두고 달걀흰자,
  치즈 크림용 크림치즈, 생크림은 냉장고에 넣어둡니다.
• 박력분은 체에 내립니다.
• 롤케이크 팬에 테플론 시트를 재단해 깔아둡니다.
• 오븐은 굽는 온도보다 10℃ 높은 200℃로 예열합니다.

케이크의 산뜻한 감성은 아니지만 특색 있는 롤케이크를 소개해요.
오징어 먹물을 넣어 만든 폭신한 비스퀴에 달콤 짭짤한 허니 치즈 크림을 발라 완성했어요.
모양도 컬러도 새로운 이 케이크는 어떤 맛일지 궁금해지네요.

1 볼에 달걀노른자와 설탕을 넣고 고속(5단)으로 휘핑하세요.

2 연한 미색을 띠며 핸드믹서 날을 들었을 때 무겁게 떨어지는 정도가 될 때까지 휘핑하세요.

3 오징어 먹물을 넣고 저중속(2단)으로 섞으세요.

4 새 볼에 달걀흰자를 넣고 중속(3단)으로 휘핑하세요.

5 거품(맥주 거품 정도)이 올라오면 설탕 1/3을 넣고 30초간 중속으로 휘핑하세요.

6 다시 설탕 1/3을 넣고 30초간 중속으로 휘핑하세요.

7 남은 설탕 1/3을 넣고 중고속(4단)으로 휘핑하세요.

8 핸드믹서 날을 들었을 때 뾰족한 새 부리 모양이 되면 마무리 하세요(90% 휘핑한 머랭). → p.35 참고

9 2분간 저속(1단)으로 기공을 정리하세요.

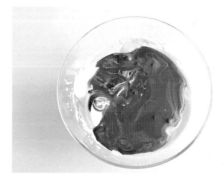

10 **9**의 머랭에 **3**을 넣고 완전히 혼합되도록 거품기로 가볍게 섞으세요.

11 박력분을 한 번 더 체에 내려 넣으세요.

12 단단하면서 윤기 있는 반죽이 될 때까지 주걱으로 섞으세요.
Point 반죽을 많이 섞으면 짜주머니에 담아 짰을 때 반죽이 퍼지고 선명한 빗 살무늬가 나오지 않습니다. 가루가 완전히 섞일 때까지만 부드럽게 섞 으세요.

13 1cm 원형 깍지를 끼운 짜주머니에 반죽을 담고 공기가 들어가지 않도록 스크래퍼로 밀어 정리하세요.

14 테플론 시트를 깐 롤케이크 팬에 사진과 같이 모서리부터 시작해 사선으로 반죽을 짜세요.
Point 팬에 꽉 차도록 촘촘하게 짜세요.

15 슈거 파우더를 체에 내려 뿌리고, 흡수되면 다시 한번 뿌리세요. 미리 예열한 오븐에 190℃로 9~11분간 구운 뒤 바로 틀에서 꺼내 식힘 망에 올려 식히세요.
Point 비스퀴를 너무 오래 구우면 돌돌 말다가 터지니 적당히 구우세요.

16 비스퀴가 완전히 식으면 뒤집어 테플론 시트를 떼어내세요.
Point 충분히 식혀야 테플론 시트가 잘 떼어집니다.

1 볼에 크림치즈와 고르곤졸라를 넣고 주걱으로 부드럽게 푸세요.

2 꿀, 설탕을 넣고 섞으세요.

3 새 볼에 생크림을 넣고 80% 휘핑한 부드러운 크림이 되면 마무리하세요. → p.37 참고

4 3에 2를 넣고 저속(1단)으로 가볍게 섞으세요.

마무리 ①

1 유산지 위에 오징어 먹물 비스퀴의 매끈한 면이 위로 오게 뒤집어 놓고 칼날을 살짝 눕혀 한쪽 끝을 사선으로 자르세요.

2 반대쪽 끝은 수직으로 자르세요. 이쪽이 처음 말릴 부분이에요.
Point 처음 말리는 부분은 수직으로, 끝부분은 사선으로 잘라야 말았을 때 모양이 예쁩니다.

3 허니 치즈 크림을 올려 스패출러로 평평하게 펴 바르세요.

4 처음 마는 부분(수직으로 자른)부터 최대한 동그랗게 모양을 잡아 돌돌 마세요.
Point 처음 말 때 모양을 예쁘게 잡아줘야 잘랐을 때 롤케이크 모양이 동그랗고 선명합니다.

 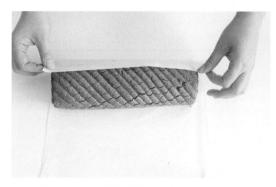

5 롤케이크 안쪽이 예쁘게 말리도록 동그랗게 모양을 잡으면서 끝까지 돌돌 마세요.

6 롤케이크 시트 바닥에 깔린 유산지로 타이트하게 마세요.

7 테이프로 고정하세요.

8 시트 도마 위에 **7**을 놓고 다시 동그랗게 말아 테이프로 고정한 후 냉장고에 2시간 정도 넣어두세요.

Point 시트 도마를 사용하면 말린 모양대로 잘 유지됩니다. 또 비스퀴는 수분을 금방 흡수하니 일반 롤케이크보다 짧게 냉장해두세요.

치즈 크림 만들기

1 볼에 크림치즈, 생크림, 설탕을 넣고 중속(3단)으로 휘핑하세요.

2 부드러운 크림이 되면 마무리하세요.

1 별 깍지(867번)를 끼운 짜주머니에 치즈 크림을 담아 롤케이크 위에 사진과 같이 짜세요.

2 큐브로 자른 고르곤졸라 치즈를 올려 장식하세요.

Baking Tip

• 비스퀴로 만든 케이크는 수분을 잘 흡수해 금방 축축해집니다. 냉장고에 보관할 때 밀폐 용기에 뚜껑을 덮지 않은 채 담아두면 축축해지는 것을 조금 막아줍니다.

달걀을 흰자만 사용하는 화이트 롤케이크도 만들어보세요.
새하얀 눈 같은 순백의 시트에 달콤한 크림과 상큼한 딸기를 올렸답니다.
많이 달지 않고 부드러워 아이는 물론 어르신들도 좋아하는 맛이에요.

◦ Roll Cake ◦

딸기 화이트 롤케이크

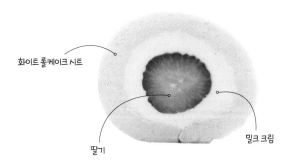

화이트 롤케이크 시트

딸기

밀크 크림

난이도
중

팬 종류
25.5×4.5cm 정사각 틀(5호)
1개

보관 기간
냉장 3일

오븐 온도와 시간
일반 오븐 : 150℃ 14~15분
컨벡션 오븐 : 150℃ 13~14분

재료 ─────────

화이트 롤케이크 시트
달걀흰자 200g
설탕 65g
우유 50g
식물성 오일(카놀라유, 포도씨유)
20g
박력분 50g

밀크 크림
생크림 180g
연유 20g
설탕 10g

딸기 4~5개

사전 준비 ─────────

• 달걀흰자, 생크림은 냉장고에 넣어둡니다.
• 우유는 미리 실온에 꺼내둡니다.
• 틀에 테플론 시트를 재단해 깔아둡니다.
• 오븐은 굽는 온도보다 10℃ 높은 160℃로 예열합니다.

1 볼에 달걀흰자와 설탕을 넣으세요.

2 중속(3단)으로 휘핑하세요.

3 거품이 하얗게 올라오고 어느 정도 설탕이 녹으면 중고속(4단)으로 휘핑하세요.

4 핸드믹서 날을 들었을 때 뾰족한 새 부리 모양이 되면 마무리하세요(90% 휘핑한 머랭). → p.35 참고

5 2분간 저속(1단)으로 기공을 정리하세요.

6 새 볼에 우유와 식물성 오일을 넣고 거품기로 섞으세요.

7 박력분을 체에 내려 넣고 뭉친 곳이 없도록 거품기로 매끄럽게 섞으세요.

8 5의 머랭 1/3을 넣고 거품기로 섞으세요.

9 남은 머랭을 넣고 주걱으로 섞어 윤기 있고 볼륨 있는 반죽을 만드세요.

10 테플론 시트를 깐 틀에 반죽을 넣고 스크래퍼로 가장자리부터 채운 다음 평평하게 펴세요.
Point 스크래퍼로 가장자리부터 반죽을 채워야 평평하게 만들 수 있습니다.

11 미리 예열한 오븐에 150℃로 14~15분간 구우세요.
Point 화이트 롤케이크는 고온에서 구우면 색이 진해지기 때문에 저온에서 구워야 합니다.

12 바로 틀에서 꺼내 식힘 망에 올린 후 구운 색이 난 윗면에 유산지를 덮으세요.
Point 뜨거울 때 유산지를 덮어두면 바닥면의 테플론 시트가 잘 떼어집니다.

13 화이트 롤케이크 시트가 완전히 식으면 유산지를 제거하세요.

14 화이트 롤케이크 시트를 뒤집어 테플론 시트를 떼어내세요.
Point 충분히 식혀야 테플론 시트가 잘 떼어집니다.

15 시트 양쪽 끝부분이 심하게 부풀거나 지저분하면 빵칼로 조금씩 잘라내세요. 자르지 않고 사용해도 됩니다.

밀크 크림 만들기

1 볼에 생크림, 연유, 설탕을 넣고 중고속(4단)으로 휘핑하세요.

2 단단하면서 부드러운 크림이 되면 마무리하세요.
Point 크림을 단단하게 휘핑해야 롤을 말았을 때 모양이 동그랗게 유지됩니다.

1 새 유산지 위에 화이트 롤케이크 시트의 유산지를 덮었던 면이 위로 오게 놓고 밀크 크림을 올리세요.

2 스패츌러로 평평하게 펴 바르세요.

3 화이트 롤케이크 시트 1/3 지점에 꼭지를 제거한 딸기를 일렬로 올리세요.

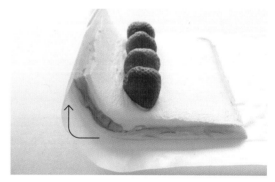

4 롤을 말기 시작하는 쪽의 유산지를 직각이 될 정도로 들어 올리세요.

5 유산지를 계속 앞쪽으로 당기면 화이트 롤케이크 시트가 동그랗게 말려요.

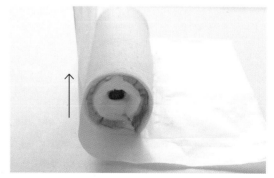

6 유산지를 다시 위쪽으로 들어 올리면 화이트 롤케이크 시트가 약간 구르면서 동그란 모양이 만들어져요.

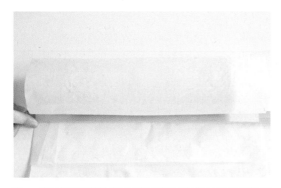 

7 자를 이용해 말린 끝부분을 타이트하게 당겨 모양을 잡고 유산지를 돌돌 말아 테이프로 고정하세요.

8 시트 도마 위에 **7**을 놓고 다시 동그랗게 말아 테이프로 고정한 후 냉장고에 3시간 정도 넣어두세요.

Point 시트 도마를 사용하면 말린 모양대로 잘 유지됩니다.

롤케이크 만들 때 실패 확률 줄이는 팁

1 롤케이크를 말 때 시트가 터지는 것은 너무 오래 구웠기 때문입니다. 굽는 시간을 줄여야 합니다.

2 동그랗게 예쁜 롤케이크 모양으로 유지하고 싶다면 시트 도마를 이용하는 게 좋습니다.

3 롤케이크에 사용하는 크림은 다른 케이크에 비해 단단히 휘핑해야 합니다. 얼음물을 담은 볼을 받치고 휘핑하면 조금 더 단단한 크림을 만들 수 있습니다. 90~100% 정도 휘핑해야 모양이 잘 잡히고, 휘핑이 덜 되면 타원형으로 살짝 주저앉게 됩니다. p.37 참고

4 적당히 윤기 나면서 부드러운 머랭을 만들어야 합니다. 머랭을 적게 올리면 시트가 얇아지고, 머랭을 많이 올리면 오븐에서 구울 때 부풀다 꺼져버려 도톰한 시트가 만들어지지 않습니다.

5 롤케이크를 자를 때는 일자형 빵칼을 뜨거운 물에 잠시 담갔다가 물기를 닦아 사용하거나, 빵칼을 토치로 고루 달군 후 자르면 매끈하게 잘립니다.

테플론 시트와 유산지의 장단점

테플론 시트 : 사용 후 깨끗이 닦아서 말려야 합니다. 주름 없이 깨끗하게 구워지는 대신 코팅된 재질이라 시트를 충분히 식힌 후 떼어내야 깨끗하게 잘 떨어집니다.
특히 롤케이크 시트를 구울 때 테플론 시트를 사용하면 깔끔하게 떼어지며, 시트 바닥이 주름지지 않아 매끈하게 완성해야 하는 롤케이크를 만들 때 사용하기 적당합니다.

유산지 : 1회용이라 한 번 쓰고 버립니다. 유산지를 사용해 구운 시트는 시간이 지날수록 주름져 매끈한 모양이 유지되지 않습니다.

° Chiffon Cake °

허니 레몬 시폰케이크

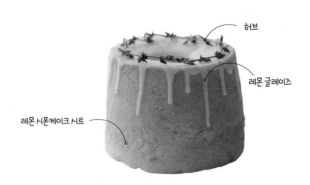

허브

레몬 글레이즈

레몬 시폰케이크 시트

난이도
중

틀 종류
10.5×9cm 미니 시폰 틀 3개

보관 기간
냉장 3일

오븐 온도와 시간
일반 오븐 : 160℃ 16~18분
컨벡션 오븐 : 160℃ 14~16분

재료 ————

레몬 시폰케이크 시트
레몬 껍질 4~5g
레몬즙 23g
달걀노른자 54g
설탕 30g
꿀 15g
식물성 오일(카놀라유, 포도씨유)
38g
물 15g

박력분 60g
베이킹파우더 1g
달걀흰자 112~114g(3개분)
설탕 30g

레몬 글레이즈
슈거 파우더 120g
레몬즙 24g

허브류 적당량

사전 준비 ————

• 달걀노른자는 미리 실온에 꺼내두고 달걀흰자는 냉장고에 넣어둡니다.
• 박력분, 베이킹파우더는 체에 내립니다.
• 오븐은 굽는 온도보다 10℃ 높은 170℃로 예열합니다.

폭신한 시폰케이크에 레몬 글레이즈를 더해 상큼함을 배로 즐길 수 있어요.
타임 등 허브를 이용해 화관처럼 장식하면 여름 분위기가 물씬 나는 케이크를 완성할 수 있답니다.

1 레몬을 깨끗이 씻어 제스터로 껍질을 벗기세요.

2 껍질을 벗긴 레몬은 반으로 잘라 스퀴저로 즙을 내세요.

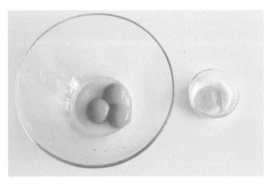

3 볼에 달걀노른자와 설탕 30g, 꿀을 넣고 고속(5단)으로 휘핑하세요.

4 연한 미색을 띠며 핸드믹서 날을 들었을 때 무겁게 떨어지는 정도가 될 때까지 휘핑하세요.

5 식물성 오일을 넣고 거품기로 잘 섞으세요.

6 레몬 껍질과 레몬즙, 물을 넣고 섞으세요.

7 박력분과 베이킹파우더를 한 번 더 체에 내려 넣으세요.
Point 체 칠 때 공기가 포함되어 두 번 체에 내리면 더 가벼운 식감이 됩니다.

8 가루가 보이지 않고 매끈해질 때까지 거품기로 섞으세요.

9 새 볼에 달걀흰자를 넣고 중속(3단)으로 휘핑하세요.

10 거품(맥주 거품 정도)이 올라오면 설탕 30g의 1/3을 넣고 30초간 중속으로 휘핑하세요.

11 다시 설탕 1/3을 넣고 30초간 중속으로 휘핑하세요.

12 남은 설탕 1/3을 넣고 중고속(4단)으로 휘핑하세요.

13 핸드믹서 날을 들었을 때 뾰족한 새 부리 모양이 되면 마무리하세요(90% 휘핑한 머랭). → p.35 참고

14 2분간 저속(1단)으로 기공을 정리하세요.

15 8에 14의 머랭 1/3을 넣고 거품기로 섞으세요.

16 남은 머랭을 넣고 주걱으로 섞으세요.

17 저울 위에 틀을 올리고 짜주머니에 16을 담아 같은 중량으로 나누어 짜세요. 틀에 70~80% 정도 채우세요.

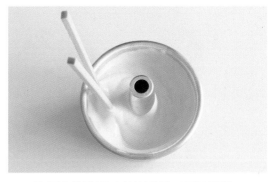

18 젓가락을 천천히 돌려가며 남아 있는 공기를 빼세요.

19 미리 예열한 오븐에 160℃로 16~18분간 구우세요.

20 구운 후 바로 틀을 뒤집어 완전히 식힌 후 시폰케이크를 꺼내세요. → 꺼내는 방법은 p.240~241 참고

레몬 글레이즈 만들기 ——

1 볼에 슈거 파우더, 레몬즙을 넣고 주걱으로 섞으세요.
Point 레몬 글레이즈는 계절과 온도에 따라 레몬즙의 양이 1~2g 정도 달라집니다.

2 주걱을 들었을 때 무겁게 떨어지는 정도가 되면 마무리하세요.

마무리 ——

1 레몬 글레이즈를 짜주머니에 담아 뾰족한 부분을 조금 잘라내고 시폰케이크 윗면을 채우듯 짜세요. 아래로 자연스럽게 흐르도록 가장자리까지 돌려가며 짜세요.

2 레몬 글레이즈가 굳으면 허브 등으로 장식하세요.

피넛 크림과 참깨 튀일을 올린 손바닥 만한 크기의 시폰케이크입니다.
참깨 튀일은 간단하게 만들 수 있어 밋밋한 시폰케이크에 장식으로 활용하기 좋아요.

○ Chiffon Cake ○

참깨 시폰케이크

참깨 튀일

참깨 시폰케이크 시트

피넛 크림

난이도
중

틀 종류
10.5×9cm 미니 시폰 틀 3개

보관 기간
냉장 3일

오븐 온도와 시간
일반 오븐 : 160℃ 16~18분
컨벡션 오븐 : 160℃ 14~16분

재료 ────────

참깨 시폰케이크 시트
참깨 30g(12g +18g)
달걀노른자 54g(3개분)
설탕 25g
달걀흰자 112~114g(3개분)
설탕 43g
우유 53g
식물성 오일(카놀라유, 포도씨유)
30g
박력분 56g
베이킹파우더 1g

참깨 튀일
달걀흰자 22g
설탕 16g
박력분 8g
참깨 22g
쌀 크로칸트 22g
무염 버터 11g
화이트 코팅 초콜릿 50g

피넛 크림
생크림 150g
설탕 15g
피넛 버터 잼 15g

사전 준비 ────────

• 달걀노른자, 참깨 튀일용 달걀흰자, 피넛 버터 잼은 미리 실온에 꺼내두고, 참깨 시폰케이크 시트용 달걀흰자는
  냉장고에 넣어둡니다.
• 박력분과 베이킹파우더는 체에 내립니다.
• 틀에 맞게 유산지를 재단해둡니다.
• 오븐은 굽는 온도보다 10℃ 높은 170℃로 예열합니다.

1 참깨 12g을 갈아 가루를 내서 참깨 18g과 섞으세요.

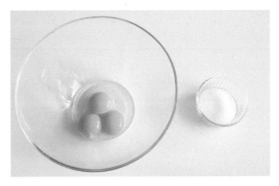

2 새 볼에 달걀노른자와 설탕 25g을 넣고 고속(5단)으로 휘핑하세요.

3 연한 미색을 띠며 핸드믹서 날을 들었을 때 무겁게 떨어지는 정도가 될 때까지 휘핑하세요.

4 새 볼에 따듯하게 데운 우유(40~45℃)와 식물성 오일을 넣어 섞은 후 **3**에 넣으세요.

5 거품기로 잘 섞으세요.

6 박력분과 베이킹파우더를 한 번 더 체에 내려 넣으세요.
Point 체 칠 때 공기가 포함되어 두 번 체에 내리면 더 가벼운 식감이 됩니다.

7 가루가 보이지 않고 매끈해질 때까지 거품기로 섞으세요.

8 7에 **1**을 넣고 거품기로 섞으세요.

9 새 볼에 달걀흰자를 넣고 중속(3단)으로 휘핑하세요.

10 거품(맥주 거품 정도)이 올라오면 설탕 43g의 1/3을 넣고 30초간 중속으로 휘핑하세요.

11 다시 설탕 1/3을 넣고 30초간 중속으로 휘핑하세요.

12 남은 설탕 1/3을 넣고 중고속(4단)으로 휘핑하세요.

13 핸드믹서 날을 들었을 때 뾰족한 새 부리 모양이 되면 마무리하세요(90% 휘핑한 머랭). → p.35 참고

14 2분간 저속(1단)으로 기공을 정리하세요.

15 **8**에 **14**의 머랭 1/3을 넣고 거품기로 섞으세요.

16 남은 머랭을 넣고 주걱으로 섞으세요.

17 저울 위에 틀을 올리고 짜주머니에 **16**을 담아 같은 중량으로 나누어 짜세요. 틀에 70~80% 정도 채우세요.

18 젓가락을 천천히 돌려가며 남아 있는 공기를 빼세요.

19 미리 예열한 오븐에 160℃로 16~18분간 구우세요.

20 구운 후 바로 틀을 뒤집어 완전히 식힌 후 시폰케이크를 꺼내세요. → 꺼내는 방법은 p.240~241 참고

참깨 튀일 만들기

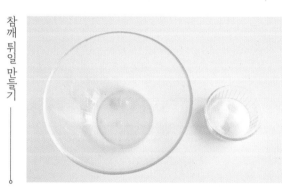

1 볼에 달걀흰자와 설탕을 넣고 거품기로 섞으세요.

2 박력분을 넣고 가루가 보이지 않을 때까지 거품기로 섞으세요.

3 참깨와 쌀 크로칸트를 넣고 주걱으로 섞으세요.
Point 쌀 크로칸트가 없으면 참깨로 대체해도 됩니다.

4 따뜻하게 녹인 무염 버터(35~37℃)를 넣고 섞으세요.

5 테플론 시트를 깐 오븐 팬에 **4**를 올려 스패출러로 얇게 편 후 미리 예열한 오븐에 180℃로 10분간 구우세요.

6 완전히 식으면 뒤집은 후 녹인 화이트 코팅 초콜릿을 바르세요.
Point 화이트 코팅 초콜릿은 중탕이나 전자레인지로 녹이세요.

7 화이트 코팅 초콜릿이 완전히 마르면 손으로 적당히 자르세요.

피넛 크림 만들기

1 볼에 생크림과 설탕을 넣고 중고속(4단)으로 휘핑하세요.

2 60% 휘핑한 크림이 되면 마무리하세요. → p.36 참고

3 피넛 버터 잼을 넣고 저속(1단)으로 휘핑하세요.

4 부드러운 크림이 되면 마무리하세요.

Point 휘핑한 생크림에 피넛 버터 잼을 넣으면 살짝 묵직해집니다. 너무 많이 휘핑하면 크림이 거칠어지거나 뭉쳐지지 않고 분리될 수 있어요.
너무 뻑뻑하면 휘핑하지 않은 생크림을 소량 넣고 주걱으로 섞어 매끈한 크림을 만드세요.

마무리

1 재단한 유산지에 구운 참깨 시폰케이크를 올리세요.

2 1.5cm 깍지를 끼운 짜주머니에 피넛 크림을 담아 참깨 시폰케이크 가운데 뚫린 구멍을 채우세요.

3 윗면에도 사진과 같이 동그란 모양으로 4개 정도 짜세요.

4 참깨 튀일로 장식하세요.

틀에서 시폰케이크를 꺼내는 방법

1 오븐에 구운 뒤 틀을 꺼내 바로 바닥에 한두 번 내리칩니다. 시폰케이크가 수축되는 것을 방지하기 위함입니다.

2 바로 틀을 뒤집어 완전히 식힙니다. 완전히 식지 않은 상태에서 빼내면 시폰케이크가 수축해서 쭈글쭈글해지거나 틀에 들러붙어 분리하기 어려울 수 있습니다.

3 틀 가장자리를 돌려가며 시폰케이크를 손가락으로 꾹꾹 누릅니다. 힘주어 눌러도 제자리로 돌아옵니다.

4 틀 중앙의 기둥을 중심으로 누릅니다. 이 부분도 확실하게 눌러야 잘 빠집니다.

5 틀을 제거합니다.

6 틀 기둥을 돌려가며 바닥 쪽의 시폰케이크를 손으로 꾹꾹 누릅니다.

7 틀 기둥을 빼냅니다.

8 틀이 말끔하게 빠진 시폰케이크입니다.

시폰케이크 만들기 실패 원인

바닥이 움푹 파인 경우
- 머랭을 덜 올렸을 때
- 오븐 온도가 낮을 때
- 오븐에서 굽는 시간이 부족했을 때

윗면이 꺼지고 주저앉은 경우
- 오븐에서 굽는 시간이 부족했을 때
- 구운 후 바로 틀을 뒤집어 식히지 않았을 때
- 완전히 식지 않은 상태에서 틀을 제거했을 때
- 달걀노른자 혼합물과 식물성 오일이 덜 섞였을 때
- 머랭을 덜 올렸을 때

Part 4

부드럽고 진하게!
치즈케이크

스페인 북부 바스크 지방에서 유래한 케이크로 높은 온도에서 태우듯 굽는 게 특징이에요.
겉면의 스모키하고 그윽한 풍미가 매력적이며 속살의 촉촉하고 부드러운 식감을 즐길 수 있어요.

• Cheese Cake •

바스크 치즈케이크

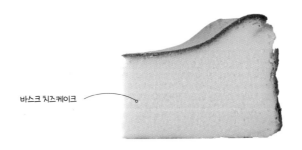

바스크 치즈케이크

난이도
중

틀 종류
15×7cm 원형 틀(1호) 1개

보관 기간
냉장 3일

오븐 온도와 시간
일반 오븐 : 220℃ 10~12분 후
200℃ 26~29분
컨벡션 오븐 : 220℃ 10분 후
200℃ 24~27분

재료 ——————
크림치즈 345g
사워크림 95g
설탕 110g
전란 160g(3개)
달걀노른자 18g(1개분)
옥수수 전분(또는 박력분) 13g
생크림 200g

사전 준비 ——————
• 모든 재료는 미리 실온에 꺼내둡니다.
• 전란과 달걀노른자는 섞어둡니다.
• 옥수수 전분은 체에 내립니다.
• 오븐은 굽는 온도보다 10℃ 높은 230℃로 예열합니다.

1 볼에 크림치즈를 넣고 거품기로 부드럽게 푸세요.
Point 크림치즈가 잘 풀리지 않으면 전자레인지에 살짝 돌리세요.

2 사워크림을 넣어 섞은 후 설탕을 넣고 부드럽게 섞으세요.

3 미리 섞어둔 전란과 달걀노른자 1/2을 넣고 완전히 섞으세요.

4 남은 전란과 달걀노른자를 넣고 섞으세요.

5 옥수수 전분을 넣고 섞으세요.

6 생크림을 넣고 섞으세요.

7 매끈한 반죽이 되도록 체에 한번 거르세요.

8 틀에 자연스럽게 주름이 가도록 종이 포일을 씌우세요.

9 틀에 반죽을 넣으세요.
Point 컨벡션 오븐에 구울 경우 바람에 날려 종이 포일이 반죽에 달라붙는 것을 방지하기 위해 집게로 집어놓으면 좋습니다.

10 미리 예열한 오븐에 220℃로 10~12분간 구운 후 200℃로 26~29분간 구우세요. 실온에서 완전히 식힌 후 냉장고에 하루 동안 넣어두세요.
Point 취향에 따라 덜 구운 것을 선호한다면 굽는 시간을 조금 단축하세요.

Baking Tip

• 틀에 종이 포일을 깔 때 유산지로 대체해도 되지만 유산지는 얇아서 케이크를 구운 후 밑면을 떼어낼 때 찢어지기 쉬우니 주의해야 합니다.

• 사워크림 대신 플레인 요거트를 키친타월을 깐 체에 붓고 반나절 이상 걸러 물기를 뺀 후 사용해도 됩니다.

• 오븐에 따라 굽는 시간이 다를 수 있습니다.

○ Cheese Cake ○

더블 치즈 티라미수 케이크

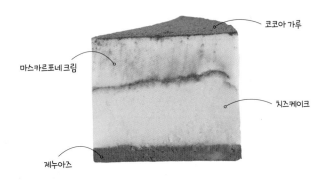

코코아 가루

마스카르포네 크림

치즈케이크

제누아즈

난이도
중

틀 종류
15×7cm 원형 틀(1호) 1개

보관 기간
냉장 3일

오븐 온도와 시간
일반 오븐 : 165℃ 40~45분

재료 ────────

치즈케이크
크림치즈 90g
마스카르포네 치즈 175g
설탕 62g
옥수수 전분 10g
사워크림 90g
전란 100g
바닐라 익스트랙트 1작은술(4g)
생크림 55g

제누아즈 15×1cm(또는 시판용
카스텔라) 1개
에스프레소 70g(인스턴트 커피 7g
+ 뜨거운 물 70g 대체 가능)

마스카르포네 크림
판 젤라틴 4g
생크림 35g
마스카르포네 치즈 120g

설탕 40g
바닐라 익스트랙트 1/2작은술
생크림 100g

코코아 가루 적당량

사전 준비 ────────

• 모든 재료는 미리 실온에 꺼내둡니다.
• 마스카르포네 크림용 생크림 100g은 냉장고에 넣어둡니다.
• 제누아즈는 미리 만들어 두께 1cm로 잘라둡니다. → p.26~27 제누아즈 만들기 참고
• 판 젤라틴은 찬물에 불려 물기를 짜둡니다.
• 틀에 테플론 시트를 재단해 깔아둡니다.
• 오븐은 굽는 온도보다 10℃ 높은 175℃로 예열합니다.

에스프레소를 촉촉하게 적신 치즈케이크 위에 마스카르포네 치즈 필링을 듬뿍 올렸어요.
두 배로 진한 치즈의 풍미는 물론 그윽한 커피 향을 덤으로 즐길 수 있는 케이크랍니다.
시판용 카스텔라를 사용하면 더 간편하게 만들 수 있어요.

1 볼에 크림치즈와 마스카르포네 치즈를 넣고 거품기로 부드
럽게 푸세요.
Point 크림치즈가 잘 풀리지 않으면 전자레인지에 살짝 돌리세요.

2 설탕을 넣어 섞은 후 옥수수 전분을 넣고 부드럽게 섞으세요.

3 사워크림을 넣고 거품기로 부드럽게 푸세요.

4 전란을 풀어 1/2을 넣고 완전히 섞은 후 남은 전란을 넣어
섞으세요.

5 바닐라 익스트랙트를 넣고 섞으세요.

6 생크림을 넣고 섞으세요.

7 틀에 제누아즈를 까세요.

8 제누아즈 위에 에스프레소를 듬뿍 바르세요.

9 스테인리스 바트에 틀을 놓고 **6**의 반죽을 담으세요.
Point 팬이 분리형인 경우 반드시 쿠킹 포일로 바닥과 옆면을 감싸고 사용하세요.

10 스테인리스 바트에 뜨거운 물(100℃)을 부으세요.

11 미리 예열한 오븐에 바트째 넣어 165℃로 40~45분간 구우세요.
Point 뜨거운 물을 부어 중탕으로 구우면 더 부드럽고 촉촉한 치즈케이크를 만들 수 있습니다.

12 실온에서 완전히 식힌 후 냉장고에 하루 정도 넣어 굳히세요.

1 볼에 뜨겁게 데운 생크림(70~75℃) 35g과 찬물에 불려 물기를 짠 젤라틴을 넣고 주걱으로 저어 녹이세요.
Point 여름에는 판 젤라틴을 얼음물에 불려 사용하세요.

2 새 볼에 마스카르포네 치즈를 넣고 주걱으로 부드럽게 푸세요.

3 설탕을 넣고 주걱으로 섞다가 바닐라 익스트랙트를 넣어 섞으세요.

4 1을 넣고 주걱으로 섞으세요.

5 새 볼에 생크림 100g을 넣고 휘핑하세요.

6 주걱을 들었을 때 가볍게 떨어지는 정도가 될 때까지 휘핑하세요(60% 휘핑한 크림). → p.36 참고

7 4에 6을 넣고 거품기로 섞으세요.

8 거품기를 들었을 때 주르륵 흐르는 정도가 되면 마무리하세요.

9 하루 동안 냉장한 치즈케이크에 8을 붓고 다시 냉장고에 3~4시간 정도 넣어두세요.

10 틀을 제거한 후 먹기 직전에 코코아 가루를 체에 내려 골고루 뿌리세요.

Point 코코아 가루는 수분을 빠르게 흡수하기 때문에 먹기 직전에 뿌리는 게 좋습니다.

Baking Tip

- 오븐에 따라 굽는 시간이 다를 수 있습니다.
- 분리형 틀을 사용하면 치즈케이크를 쉽게 꺼낼 수 있습니다.

오븐 없이 만들 수 있어 더 반가운 케이크를 소개합니다.
부드러운 크림치즈와 바삭한 오레오 쿠키가 어우러져 식감이 다채로워요.
마지막에 장식한 동그란 쿠키 덕분에 케이크가 더욱 근사하게 보입니다.

° Cheese Cake °

오레오 치즈케이크

크림치즈 크림

치즈케이크

오레오 쿠키

오레오 쿠키

난이도
하

틀 종류
15×5cm 원형 무스 틀(1호) 1개

보관 기간
냉장 3일

오븐 온도와 시간
오븐 필요 없음

재료 ────────

치즈케이크
오레오 쿠키(크림 제거한 것)
120g
무염 버터 55g
오레오 쿠키(크림 샌딩된 것)
3~4개
크림치즈 235g
설탕 70g
화이트 초콜릿 커버추어 80g
판 젤라틴 5g
레몬즙 15g
생크림 200g

크림치즈 크림
크림치즈 70g
설탕 20g
생크림 80g

오레오 쿠키 1개(장식용)

사전 준비 ────────

• 크림치즈는 미리 실온에 꺼내두고 생크림은 냉장고에 넣어둡니다.
• 무염 버터는 전자레인지에 돌려 완전히 녹입니다.
• 판 젤라틴은 찬물에 불려 물기를 짜둡니다.
• 틀 바닥을 랩으로 감싸 준비해둡니다.

1 오레오 쿠키에 샌딩된 크림을 제거하세요.
Point 크림을 제거한 오레오 쿠키 120g이 필요합니다.

2 1을 지퍼 팩에 넣고 밀대로 밀어 완전히 가루로 만드세요.

3 볼에 **2**와 녹인 무염 버터를 넣으세요.

4 버터가 잘 흡수되도록 주걱으로 섞으세요.

5 틀에 담고 손으로 꾹꾹 눌러 냉장고에 넣어두세요.
Point 평평하게 담지 말고 가장자리를 따라 좀 더 높이 올라오게 만들면 케이
크를 완성했을 때 멋스러운 모양이 됩니다.

6 오레오 쿠키 3~4개는 3~4등분으로 자르세요.

7 새 볼에 크림치즈를 넣고 주걱으로 풀다가 설탕을 넣고 섞으세요.

8 새 볼에 화이트 초콜릿 커버추어를 넣고 중탕이나 전자레인지로 녹이세요.

9 7에 8을 넣고 거품기로 섞으세요.

10 찬물에 불려 물기를 짠 젤라틴을 전자레인지에 돌려 완전히 녹인 후 9에 넣고 거품기로 섞으세요.
Point 여름에는 판 젤라틴을 얼음물에 불려 사용하세요.

11 레몬즙을 넣고 섞으세요.

12 새 볼에 생크림을 넣고 중고속(4단)으로 휘핑하세요.

13 핸드믹서 날을 들었을 때 무겁게 주르륵 흐르는 정도가 되면 마무리하세요(60% 휘핑한 크림). → p.36 참고

14 **11**에 **13**의 크림 1/2을 넣고 거품기로 완전히 섞은 후 남은 크림을 넣고 섞으세요.

15 틀에 **14**의 크림 1/2을 넣고 오레오 쿠키를 올리세요.

16 남은 크림을 올리세요.

17 스패출러로 매끈하게 펴서 냉장고에 3~4시간 정도 넣어두세요.

1 볼에 크림치즈와 설탕을 넣고 주걱으로 부드럽게 푸세요.

2 새 볼에 생크림을 넣고 가볍게 떨어지는 정도가 될 때까지 휘핑하세요(60% 휘핑한 크림). → p.35 참고

3 **1**에 **2**를 넣고 거품기로 섞으세요.

1 냉장고에서 케이크를 꺼내 케이크 바닥을 감싸고 있는 랩을 제거한 후 틀보다 지름이 작고 긴 용기에 올려 뜨거운 물수건으로 틀을 감싸세요.

Point 틀이 따뜻해지면서 단단했던 크림이 부드러워져 쉽게 분리됩니다.

2 틀을 아래로 내려 제거한 후 케이크를 접시나 케이크 받침으로 옮기세요.

Point 틀을 위로 들어 올려 제거하면 오레오 쿠키 가루가 묻어 케이크 옆면이 지저분해집니다.

3 1.5cm 원형 깍지를 끼운 짜주머니에 크림치즈 크림을 담아 케이크 둘레에 물방울 모양으로 짜세요.

4 오레오 쿠키 1개를 올려 장식하세요.

Part 5

일 년에 하루뿐인 날에!
특별한 케이크

선선한 가을바람이 불어오는 계절에 바질 무화과 케이크를 즐겨보세요.
피스타치오 다쿠아즈에 은은한 바질향이 풍기는 크림과 무화과를 풍성하게 올렸어요.
손바닥 만한 미니 사이즈로 여럿이 함께 즐기기 좋습니다.

바질 무화과 케이크

바질 휩크림
생바질잎
무화과
무화과잼
피스타치오 다쿠아즈

난이도
중

틀 종류
10×2cm 원형 타르트 틀(6개 분량)

보관 기간
냉장 3일

오븐 온도와 시간
일반 오븐 : 170℃ 16~18분
컨벡션 오븐 : 170℃ 15~17분

재료 ─────

피스타치오 다쿠아즈
달걀흰자 100g
설탕 33g
박력분 10g
아몬드 가루 75g
슈거 파우더 42g
다진 피스타치오 20g
슈거 파우더 적당량

바질 휩크림
우유 27g
화이트 초콜릿 커버추어 40g
생크림 110g
생바질잎 3g
판 젤라틴 0.7g

무화과잼
무화과 105g
설탕 60g
펙틴(잼용) 1g
레몬즙 5g

무화과 5~6개
생바질잎 적당량

사전 준비 ─────

• 달걀흰자는 냉장고에 넣어둡니다.
• 판 젤라틴은 찬물에 담가 불려 물기를 짜둡니다.
• 피스타치오는 오븐에 170℃로 7~8분간 구워 식힌 후 다집니다.
• 오븐 팬에 테플론 시트를 재단해 깔아둡니다.
• 오븐은 굽는 온도보다 10℃ 높은 180℃로 예열합니다.

1 냄비에 우유를 넣고 중불에 올려 표면이 바글바글 끓어오르
면 불에서 내리세요.
Point 적은 양이라 전자레인지에 뜨겁게 데워도 좋습니다.

2 찬물에 불려 물기를 짠 젤라틴을 넣고 녹이세요.
Point 여름에는 판 젤라틴을 얼음물에 불려 사용합니다.

3 새 볼에 화이트 초콜릿 커버추어를 넣고 **2**를 부으세요.
Point 완전히 녹지 않으면 전자레인지에 살짝 돌려 녹이세요.

4 냄비에 생크림을 넣고 약불에 올려 따듯하게(40~45℃)
데운 후 불에서 내리세요.

5 생바질잎을 잘라 넣으세요.

6 **3**에 **5**를 넣고 바질잎이 거의 보이지 않을 때까지 핸드블렌
더로 가세요.

7 6을 체에 한번 거르세요.

8 반죽 표면에 랩이 닿게 밀착시킨 후 냉장고에 하루 동안 넣어두세요.
Point 충분히 숙성해야 부드럽고 매끈한 크림이 됩니다.

피
스
타
치
오
다
쿠
아
즈
만
들
기

[다쿠아즈] 과정 1~6을 그대로 따라 한 후 다음 과정을 진행하세요.

1 다쿠아즈 만들기 p.32~33 참고

2 완성한 머랭에 박력분, 아몬드 가루, 슈거 파우더를 체에 내려 넣으세요.

3 가루가 조금 보일 때까지 주걱으로 가볍게 섞으세요.

4 피스타치오 다진 것을 넣고 가볍게 섞어 짜주머니에 담으세요.
Point 너무 많이 섞으면 반죽이 묽어져 볼륨이 작게 나올 수 있습니다.

5 테플론 시트를 깐 오븐 팬에 틀을 올리고 다쿠아즈 반죽을 테두리를 따라 둥그런 모양으로 짜세요(8개 정도).

6 틀 가운데에도 둥그런 모양으로 짜세요.

7 슈거 파우더를 체에 내려 뿌리고, 흡수되면 다시 한번 뿌리세요.

8 미리 예열한 오븐에 170℃로 16~18분간 구워 완전히 식히세요. 틀 틈으로 칼을 넣어 돌려가며 꺼내세요.

Point 틀을 옆으로 세워 칼로 돌려가며 빼내면 깔끔하게 분리됩니다.

1 무화과는 껍질째 잘게 자르세요.

2 볼에 설탕과 펙틴을 넣고 섞으세요.

Point 펙틴을 그대로 넣고 섞으면 덩어리지니 설탕에 섞어 사용하세요.

3 냄비에 **1**과 **2**를 넣고 중불에 올리세요.

4 주걱으로 저으며 무겁게 주르륵 떨어지는 정도가 될 때까지 끓이세요.

5 레몬즙을 넣어 섞고 불에서 내려 식히세요.

마무리 ─────

1 무화과는 8등분으로 자르세요.

2 냉장고에서 하루 숙성한 바질 휩크림을 중고속(4단)으로 휩핑하세요.

3 부드러운 크림이 되면 마무리하고 별 깍지(867번)를 끼운 짜주머니에 담으세요.

4 구운 피스타치오 다쿠아즈 가운데를 손가락으로 꾹 눌러 평평하게 만드세요.

5 오목해진 부분에 무화과잼을 올리세요.

6 무화과잼 위에 **3**의 크림을 한쪽 방향으로 돌려 짜세요.

7 크림을 한 층 더 짜 올리세요.

8 무화과를 올리고 바질잎으로 장식하세요.

슈톨렌 케이크

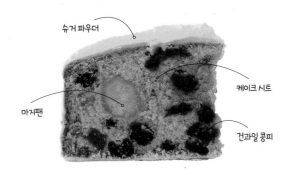

슈거 파우더

케이크 시트

마지팬

건과일 콩피

난이도
중

틀 종류
15×7cm 원형 틀(1호) 1개

보관 기간
실온 7~10일

오븐 온도와 시간
일반 오븐 : 165℃ 50~55분
컨벡션 오븐 : 165℃ 45~50분

재료 ─────

건과일 콩피
반건조 무화과 27g
건살구 30g
건포도 55g
건크랜베리 26g
오렌지 필 25g
럼주 33g

마지팬
슈거 파우더 140g
아몬드 가루 140g

달걀흰자 35~38g
쿠앵트로 1작은술

케이크 시트
마지팬 30g
무염 버터 75g
설탕 75g
전란 85g
박력분 68g
아몬드 가루 12g
베이킹파우더 1.5g

시나몬 가루 1g
너트메그 가루 0.5g
밀가루 30g(건과일 콩피 코팅용)

슈거 파우더 적당량
무염 버터 약간(케이크 바르기용)

사전 준비 ─────

• 달걀흰자, 무염 버터, 전란은 미리 실온에 꺼내둡니다.
• 마지팬용 슈거 파우더, 아몬드 가루는 체에 내립니다.
• 케이크 시트용 박력분, 아몬드 가루, 베이킹파우더, 시나몬 가루, 너트메그 가루는 체에 내립니다.
• 틀에 테플론 시트나 유산지를 재단해 깔아둡니다.
• 오븐은 굽는 온도보다 10℃ 높은 175℃로 예열합니다.

'크리스마스를 기다리며 먹는 케이크'라 불리는 슈톨렌 케이크가 우리나라에서도 유행하고 있어요.
건과일 콩피와 마지팬을 넣어 구운 빵에 슈거 파우더를 뿌려 한겨울에 소복이 쌓인 눈처럼 연출해보았어요.

1 반건조 무화과와 건살구는 적당한 크기로 자르세요.

2 볼에 **1**과 건포도, 건크랜베리, 오렌지 필을 담고 럼주를 넣어 섞으세요.

3 밀폐 용기에 담아 3일 이상 실온에 두세요.
Point 오래 숙성할수록 풍미가 좋아집니다.

1 볼에 슈거 파우더, 아몬드 가루, 달걀흰자를 넣고 손으로 가볍게 뭉치듯이 반죽하세요.

2 가루가 조금 보일 때 쿠앵트로를 넣으세요.

3 가루가 보이지 않고 한 덩어리로 만들어질 때까지 손으로 반죽하세요.

4 밀폐 용기에 반죽을 담아 냉장고에 하루 동안 넣어두세요.
Point 5~7일 냉장 보관 가능합니다.

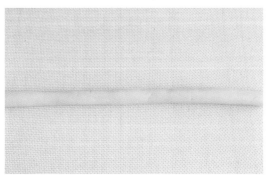

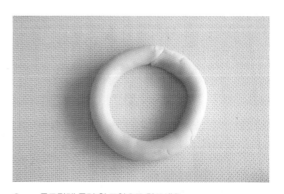

5 숙성한 반죽 140g을 손으로 밀어 길이 26cm 정도로 만드세요.
Point 남은 마지팬 반죽의 30g은 케이크 시트 만들 때 사용합니다.

6 동그랗게 돌려 원 모양으로 만드세요.

케이크 시트 만들기 ────○

1 마지팬 반죽 30g을 주걱으로 부드럽게 푸세요.

2 무염 버터 75g을 넣고 핸드믹서로 섞으세요.

3 설탕을 넣고 하얘지면서 볼륨이 커질 때까지 고속(5단)으로 휘핑하세요.

4 전란을 6~7번에 나누어 넣으면서 그때마다 충분히 휘핑하세요.

5 박력분, 아몬드 가루, 베이킹파우더, 시나몬 가루, 너트메그 가루를 한 번 더 체에 내려 넣으세요.

6 주걱을 세워 가르듯 가볍게 섞으세요.

7 새 볼에 숙성한 건과일 콩피를 담아 밀가루로 코팅하세요.
Point 밀가루는 박력분이나 중력분을 사용하면 됩니다.

8 6에 넣고 섞으세요.

9   틀에 반죽의 1/2을 넣고 주걱으로 평평하게 만드세요.

10   원 모양으로 만든 마지팬을 올리세요.

11   남은 반죽을 넣고 평평하게 만드세요.

12   미리 예열한 오븐에 165℃로 50~55분간 구운 후 바로 틀에서 꺼내 바닥을 제외한 전체에 무염 버터를 바르세요.

1 케이크가 완전히 식으면 옆으로 세우고 슈거 파우더를 체에 내려 골고루 뿌리세요.

2 케이크 윗면에도 슈거 파우더를 골고루 뿌리세요.

3 케이크에 랩을 씌워 실온에 3일간 두세요.

4 먹기 전에 랩을 벗겨내고 다시 케이크 옆면과 윗면에 슈거 파우더를 뿌리세요.

Baking Tip

• 건과일 콩피는 6개월에서 1년 전에 만들어 냉장 보관해두면 풍미가 더욱 좋아집니다. 준비되지 않았을 때는 최소 3일 전에 만들어두세요.

• 건과일 콩피 재료는 각자 좋아하는 건과일로 대체해도 좋습니다.

크리스마스에 어울리는 강렬한 붉은색의 레드벨벳 딸기 케이크.
색소 대신 홍국 쌀가루로 붉게 물들인 케이크에 부드러운 디플로마트 크림과 딸기를 듬뿍 얹었어요.
한 입 베어 물면 저절로 미소가 지어지는 상큼한 맛이에요.

레드벨벳 딸기 케이크

딸기

마스카르포네 크림

라즈베리 쥬레

디플로마트 크림

레드벨벳 비스퀴

난이도
중

틀 종류
15×7cm 원형 무스 틀(1호) 1개

보관 기간
냉장 3일

오븐 온도와 시간
일반 오븐 : 190℃ 10~12분
컨벡션 오븐 : 190℃ 8~9분

재료 ———————

레드벨벳 비스퀴
달걀노른자 51~53g(3개분)
설탕 30g
달걀흰자 111~114g(3개분)
설탕 50g
박력분 55g
홍국 쌀가루 10g

디플로마트 크림
바닐라빈 1/3개
달걀노른자 20g
설탕 20g

박력분 3g
옥수수 전분 4g
우유 75g
젤라틴 1g
생크림 65g

시럽
설탕 20g
물 40g
키르슈 1작은술

마스카르포네 크림
마스카르포네 치즈 30g

생크림 100g
설탕 10g
키르슈 2/3작은술
생크림 15g
판 젤라틴 1.5g

라즈베리 쥬레
라즈베리 퓌레 35g
설탕 15g
판 젤라틴 1g

딸기 적당량
금박 약간

사전 준비 ———————

• 달걀노른자는 미리 실온에 꺼내두고 달걀흰자, 마스카르포네 치즈, 생크림은 냉장고에 넣어둡니다.
• 박력분, 홍국 쌀가루는 체에 내립니다.
• 판 젤라틴은 찬물에 불려 물기를 짜둡니다.
• 36×27×2.5cm 롤케이크 팬에 테플론 시트를 재단해 깔아둡니다.
• 오븐은 굽는 온도보다 10℃ 높은 200℃로 예열합니다.

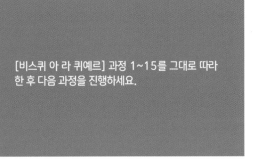

[비스퀴 아 라 퀴예르] 과정 1~15를 그대로 따라한 후 다음 과정을 진행하세요.

1 비스퀴 아 라 퀴예르 만들기 p.28~29 참고

2-1 p.28 과정 **10**에서 박력분과 함께 홍국 쌀가루를 체에 내려 넣으세요.

2-2 p.28 과정 **15**에서 미리 예열한 오븐에 190℃로 10~12분간 구운 후 바로 틀에서 꺼내 식힘 망에 올리세요.

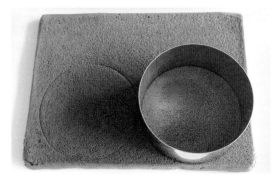

3 완전히 식힌 후 비스퀴를 뒤집어 테플론 시트를 떼어내세요.
Point 충분히 식혀야 테플론 시트가 잘 떨어집니다.

4 비스퀴에 15cm 원형 무스 틀을 올려 찍어내듯이 2장을 자르세요.

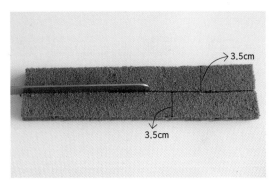

5 남은 부분에 높이 3.5cm 직사각형 2개를 표시한 후 빵칼로 자르세요.

6 15cm 원형 2장, 높이 3.5cm 직사각형 2장을 만들었어요.

1 바닐라빈은 반으로 갈라 씨를 발라내세요.

2 볼에 달걀노른자, 설탕, 바닐라빈씨를 넣고 거품기로 섞으세요.

3 박력분, 옥수수 전분을 체에 내려 넣고 거품기로 섞으세요.

4 냄비에 우유, 바닐라빈 껍질을 넣고 중불에 올려 표면이 바글바글 끓어오르면 불에서 내리세요.

5 **3**에 **4**를 조금씩 넣어가며 그때마다 거품기로 섞으세요.

6 냄비 위에서 **5**를 체에 한번 거르세요.
Point 바닐라빈 껍질과 불순물을 제거합니다.

7 **6**을 다시 중불에 올려 거품기로 빠르게 저으세요.

8 끓어오르면서 조금씩 걸쭉해지다가 덩어리가 생기면 조금 더 빠르게 저으세요.
Point 눌어붙지 않도록 주의합니다.

9 덩어리진 것이 풀리고 매끄러운 크림이 되면 불을 끄세요.

10 찬물에 불려 물기를 짠 젤라틴을 넣고 주걱으로 저어가며 녹이세요.
Point 여름에는 판 젤라틴을 얼음물에 불려 사용하세요.

11 스테인리스 바트에 랩을 깔고 **10**을 담으세요.

12 랩을 씌우고 밀착시켜 평평하게 편 후 완전히 식을 때까지 냉장고에 넣어두세요. → 과정 1~12를 크렘 파티시에르라고 합니다. p.43 참고

13 냉장고에서 꺼내 새 볼에 담고 풀어질 때까지 중속(3단)으로 휘핑하세요.

14 새 볼에 생크림을 넣어 90% 상태가 될 때까지 중속으로 휘핑하세요. → p.37 참고

15 **13**에 **14**의 크림 1/3을 넣고 거품기로 섞다가 남은 크림을 넣고 섞어 부드럽고 단단한 크림을 만드세요.

시럽 만들기

1 볼에 설탕과 물을 넣고 설탕이 녹을 때까지 끓이세요.

2 키르슈를 넣어 섞은 후 식히세요.

1 평평한 받침 위에 틀을 올리고 틀 안쪽에 높이 3.5cm 비스
퀴를 1장 두르세요.

2 공간이 남는 부분은 비스퀴를 잘라 딱 맞게 끼우세요.
Point 타이트하게 끼워야 크림이 새지 않고 케이크를 잘랐을 때 단면이 예쁩
니다.

3 15cm 원형 비스퀴 2장은 테두리를 1cm 정도 자르세요.

4 틀에 **3**의 15cm 원형 비스퀴를 1장 뒤집어 깔고 시럽을 바
르세요.

5 디플로마트 크림을 짜주머니에 담아 1/2 정도 짜 올리세요.

6 딸기는 꼭지를 떼고 적당한 크기로 썰어 올리세요.

7 남은 디플로마트 크림을 짜 올린 후 스패츌러로 평평하게 펴 바르세요.

8 나머지 15cm 원형 비스퀴 1장을 뒤집어 올리고 시럽을 발 라 냉장고에 넣어두세요.

마스카르포네 크림 만들기 ──○

1 볼에 마스카르포네 치즈, 생크림 100g, 설탕, 키르슈를 넣 고 60% 정도 휘핑하세요.

2 새 볼에 생크림 15g을 넣고 찬물에 불려 물기를 짠 젤라틴 을 넣어 전자레인지로 녹이세요.
Point 여름에는 판 젤라틴을 얼음물에 불려 사용하세요.

3 **1**에 **2**를 넣고 주걱으로 섞으세요.

4 냉장해둔 케이크에 **3**을 올려 다시 냉장고에 3시간 정도 넣어두세요.

1 냄비에 라즈베리 퓌레와 설탕을 넣고 중불에 올려 끓이세요.

2 설탕이 완전히 녹으면서 끓으면 불에서 내린 후 찬물에 불려 물기를 짠 젤라틴을 넣고 녹이세요.

3 체에 한번 거른 후 식히세요(23~24℃).
Point 온도가 너무 낮으면 금방 굳어 뭉치니 온도를 잘 맞춰야 합니다.

1 냉장고에서 케이크를 꺼내 라즈베리 쥬레를 올리세요.

2 케이크를 살살 돌려가며 평평하게 만들어 냉장고에 1시간 이상 넣어두세요.

3 틀보다 지름이 작고 긴 용기에 케이크를 올리세요. 뜨거운 물수건으로 틀을 감싸 아래로 내려 제거한 다음 케이크를 접시나 케이크 받침으로 옮기세요.

4 딸기를 썰어 올리고 금박을 체에 내려 뿌리세요.

┌─ **Baking Tip** ─────────────────────────────────────

• 무스 틀을 제거할 때 수건을 뜨거운 물에 담갔다가 짜서 틀을 감싸는 과정을 두 번 정도 반복하면 단단했던 크림이 부드러워져 쉽게 분리됩니다.

• Special Cake •

레드벨벳 프레지에

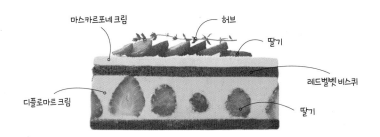

마스카르포네 크림   허브

딸기

레드벨벳 비스퀴

디플로마트 크림

딸기

난이도
중

틀 종류
15×7cm 원형 무스 틀(1호) 1개

보관 기간
냉장 3일

오븐 온도와 시간
일반 오븐 : 190℃ 10~11분
컨벡션 오븐 : 190℃ 8~9분

재료 ────────

레드벨벳 비스퀴
달걀노른자 51~53g(3개분)
설탕 30g
달걀흰자 112~114g(3개분)
설탕 48g
박력분 54g
홍국 쌀가루 10g

디플로마트 크림
바닐라빈 1/3개
달걀노른자 40g

설탕 40g
박력분 5g
옥수수 전분 10g
우유 150g
젤라틴 2g
생크림 125g

시럽
설탕 20g
물 40g
키르슈 1작은술

마스카르포네 크림
마스카르포네 치즈 10g
생크림 40g
설탕 8g
키르슈 1/3작은술
생크림 10g
판 젤라틴 0.5g

딸기 적당량
허브(타임) 적당량

사전 준비 ────────
- 달걀노른자는 미리 실온에 꺼내두고 달걀흰자, 생크림, 마스카르포네 치즈는 냉장고에 넣어둡니다.
- 박력분, 홍국 쌀가루는 체에 내립니다.
- 레드벨벳 비스퀴는 지름 15cm 원형 2장을 준비합니다.
- 36×27×2.5cm 롤케이크 팬에 테플론 시트를 재단해 깔아둡니다.
- 오븐은 굽는 온도보다 10℃ 높은 200℃로 예열합니다.

이 케이크는 p.280 레드벨벳 딸기 케이크를 응용한 것으로 딸기 단면이 보이게 가장자리를 두른 것이 포인트입니다.
가벼운 식감을 위해 버터 대신 생크림을 사용해 더욱 부드러운 달콤함을 즐길 수 있답니다.

1 딸기는 꼭지를 떼고 반으로 자르세요.

2 틀 안쪽에 무스 띠를 두르세요.
Point 무스케이크 등을 굳힐 때 무스 띠를 두른 후 반죽을 넣어 굳히면 떼어
내기도 좋고 옆면을 매끈하게 만들 수 있습니다.

3 틀에 15cm 원형 비스퀴를 1장 뒤집어 깔고 시럽을 바르세요. → 레드벨벳 비스퀴 만들기는 p.282 참고, 시럽 만들기는 p.285 참고

4 틀 가장자리에 반으로 자른 딸기를 단면이 바깥쪽을 향하게 세워 두르세요.

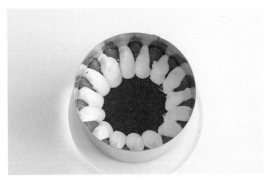

5 디플로마트 크림을 짜주머니에 담아 딸기 사이사이에 짜세요. → 디플로마트 크림 만들기는 p.283~285 참고

6 스패출러로 빈틈을 꼼꼼히 채우듯이 펴 바르세요.
Point 빈틈없이 채워야 틀을 제거했을 때 모양이 예쁩니다.

7 다시 디플로마트 크림을 얇게 짜 올리세요.

8 가운데를 중심으로 딸기를 올리세요.

9 남은 디플로마트 크림을 짜 올리고 스패출러로 평평하게 펴 바르세요.

10 남은 15cm 원형 비스퀴 1장을 뒤집어 올리고 시럽을 발라 냉장고에 넣어두세요.

마스카르포네 크림 만들기 ──○

1 볼에 마스카르포네 치즈와 생크림 40g, 설탕, 키르슈를 넣고 휘핑하세요(60% 완성된 크림).

2 새 볼에 생크림 10g과 찬물에 불려 물기를 짠 젤라틴을 넣어 전자레인지로 녹이세요.
Point 여름에는 판 젤라틴을 얼음물에 불려 사용합니다.

3   **1**에 **2**를 넣어 주걱으로 섞으세요.

4   냉장해둔 케이크에 **3**을 올려 다시 냉장고에 3시간 정도 넣어두세요.

마무리

1   틀을 제거하세요.

2   먹기 전에 케이크 위에 슈거 파우더를 체에 내려 뿌리세요.

3   딸기를 잘라 올리고 허브(타임) 등으로 장식하세요.

Baking Tip

• 높이 5cm 무스 틀에는 7cm 무스 띠를 사용하거나, 5cm 무스 띠 2장을 겹쳐 높이 7cm로 만들어 사용합니다.

• 원형 형태가 잘 유지되도록 무스 띠는 먹기 직전에 떼어냅니다.

사랑하는 사람에게 마음을 전하는 밸런타인데이에 어울리는 케이크입니다.
깊은 풍미의 다크 초콜릿과 라즈베리의 맛과 향이 매력적입니다.
오독오독 씹히는 아몬드와 단단한 케이크 식감도 좋아요.

라즈베리 초콜릿 케이크

금가루

다크 초콜릿 글레이즈

라즈베리 쿨리

라즈베리 초콜릿 케이크

난이도
중

틀 종류
미니 쿠겔호프 틀(8개 분량)

보관 기간
실온 4~5일

오븐 온도와 시간
일반 오븐 : 160℃ 16~18분
컨벡션 오븐 : 160℃ 14~16분

재료 ─────

라즈베리 초콜릿 케이크
다크 초콜릿 커버추어 60g
우유 15g
무염 버터 80g
설탕 60g
전란 113~115g(2개)
박력분 70g
코코아 가루 15g
베이킹파우더 2g
냉동 라즈베리 35g

라즈베리 쿨리
라즈베리 퓌레 50g
설탕 15g
레몬즙 1작은술
판 젤라틴 1g

다크 초콜릿 글레이즈
다크 초콜릿 커버추어 75g
식물성 오일(카놀라유, 포도씨유)
22g
아몬드 분태 20g

금가루 적당량

사전 준비 ─────
• 우유, 무염 버터, 전란은 미리 실온에 꺼내둡니다.
• 판 젤라틴은 찬물에 불려 물기를 짜둡니다.
• 아몬드 분태는 오븐에 170℃로 6~7분간 구워 식힙니다.
• 틀에 무염 버터나 철판 이형제를 발라둡니다.
• 오븐은 굽는 온도보다 10℃ 높은 170℃로 예열합니다.

1 다크 초콜릿 커버추어에 우유를 부으세요.

2 전자레인지나 중탕으로 2/3 정도 녹여 잘 유화되도록 주걱으로 저은 후 식히세요(23~25℃).

3 새 볼에 무염 버터를 넣고 고속(5단)으로 부드럽게 푸세요.

4 설탕을 넣고 하얘지면서 볼륨이 커질 때까지 고속으로 휘핑하세요.

5 **4**에 **2**를 넣고 중속(3단)으로 휘핑하세요.

6 전란을 풀어 6~7번에 나누어 넣으면서 그때마다 충분히 휘핑하세요.

7 박력분, 코코아 가루, 베이킹파우더를 체에 내려 넣으세요.

8 주걱을 세워 가볍게 섞은 후 볼 가장자리를 정리하세요.

9 냉동 라즈베리를 굵게 다지세요.
Point 반드시 냉동된 상태의 라즈베리를 사용하세요. 해동한 라즈베리를 넣으면 녹으면서 물이 생겨 반죽이 질어지고 케이크 식감이 좋지 않습니다.

10 **8**에 굵게 다진 라즈베리를 넣고 주걱으로 섞으세요.

11 저울 위에 틀을 올리고 짜주머니에 **8**을 담아 같은 중량으로 나누어 짠 후 미리 예열한 오븐에 160℃로 16~18분간 구우세요.
Point 반죽은 짜주머니에 넣고 짜면 편합니다. 반죽은 틀에 80% 정도 채우세요.

1 냄비에 라즈베리 퓌레, 설탕을 넣고 중불에 올려 설탕이 완전히 녹을 때까지 끓이세요.

2 레몬즙을 넣고 불에서 내리세요.

3 찬물에 불려 물기를 짠 젤라틴을 넣고 녹을 때까지 주걱으로 저은 후 식히세요(24~25℃).

Point 여름에는 판 젤라틴을 얼음물에 불려 사용합니다.

1 다크 초콜릿 커버추어를 전자레인지나 중탕으로 녹이세요.

2 식물성 오일을 넣고 주걱으로 저어가며 잘 유화되도록 섞으세요.

3 구운 아몬드 분태는 입자가 큰 것 위주로 조금 더 다지세요.

4 **2**에 **3**을 넣고 섞으세요.

마무리

1 다크 초콜릿 글레이즈 온도가 28~29℃ 정도 되면 케이크를 뒤집어 담가 윗부분을 코팅하세요.

Point 온도가 높으면 얇게 코팅되고, 온도가 낮으면 두껍게 코팅되어 매끈하지 않으니 적당한 온도에서 코팅하세요.

2 다크 초콜릿 글레이즈가 굳으면 오목하게 들어간 윗부분에 라즈베리 쿨리를 채워 굳힌 다음 금가루를 올리세요.

Baking Tip

• 초콜릿 글레이즈로 코팅한 케이크이므로 밀폐 용기에 넣어 실온에 보관합니다. 냉장 보관하면 초콜릿 글레이즈가 코팅된 부분에 물기가 맺혀 얼룩이 생길 수 있습니다.

• 아몬드 분태는 시판용을 사용하면 편합니다. 입자가 큰 편이라 조금 더 다져 사용하세요. 통아몬드를 사용할 경우 껍질을 벗기고 다져야 하므로 번거롭습니다.

오렌지 마론 케이크

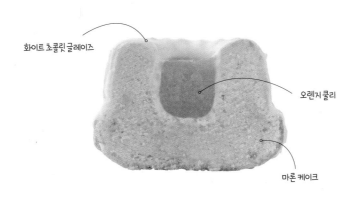

화이트 초콜릿 글레이즈

오렌지 쿨리

마론 케이크

난이도
중

틀 종류
미니 쿠겔호프 틀(7개 분량)

보관 기간
실온 4~5일

오븐 온도와 시간
일반 오븐 : 170℃ 17~19분
컨벡션 오븐 : 170℃ 16~17분

재료 ─────

마론 케이크
밤 퓌레 75g
우유 8g
럼주 5g
무염 버터 75g
설탕 70g
소금 1꼬집
전란 75g
박력분 55g

옥수수 전분 20g
베이킹파우더 2g

오렌지 쿨리
오렌지즙 60g(오렌지 주스로
대체 가능)
설탕 15g
쿠앵트로 2g
판 젤라틴 1g

화이트 초콜릿 글레이즈
화이트 초콜릿 커버추어 75g
식물성 오일(카놀라유, 포도씨유)
22g
아몬드 분태 20g

사전 준비 ─────

• 무염 버터, 전란은 미리 실온에 꺼내둡니다.
• 판 젤라틴은 찬물에 불려 물기를 짜둡니다.
• 아몬드 분태는 오븐에 170℃로 6~7분간 구워 식힙니다.
• 틀에 무염 버터나 철판 이형제를 발라둡니다.
• 오븐은 굽는 온도보다 10℃ 높은 180℃로 예열합니다.

라즈베리 초콜릿 케이크와 사용하는 틀은 같고 재료만 바꿔 만들어봤어요.
가을 하면 떠오르는 밤 퓌레를 넣어 지인들과 함께 가는 단풍 나들이용 디저트로 어울릴 것 같아요.
티 푸드 디저트로도 추천합니다.

1 볼에 밤 퓌레, 따듯하게 데운 우유(40~45℃), 럼주를 넣고 주걱으로 섞으세요.

2 새 볼에 무염 버터를 넣고 고속(5단)으로 부드럽게 푸세요.

3 설탕과 소금을 넣고 하얘지면서 볼륨이 커질 때까지 고속으로 휘핑하세요.

4 전란을 풀어 6~7번에 나누어 넣으면서 그때마다 충분히 휘핑하세요.

5 **4**에 **1**을 넣고 중고속(4단)으로 충분히 섞으세요.

6 박력분, 옥수수 전분, 베이킹파우더를 체에 내려 넣으세요.
Point 옥수수 전분은 박력분으로 대체 가능합니다. 옥수수 전분을 넣으면 케이크 식감이 조금 더 가벼워집니다.

7 주걱을 세워 가볍게 섞은 후 볼 가장자리를 정리하세요.

8 저울 위에 틀을 올리고 짜주머니에 **7**을 담아 같은 중량으로 나누어 짠 후 미리 예열한 오븐에 170℃로 17~19분간 구우세요.

Point 반죽은 틀에 80% 정도 채우세요.

오렌지 쿨리 만들기 ─────○

1 오렌지는 반으로 잘라 스퀴저로 즙을 내세요.

2 냄비에 오렌지즙, 설탕을 넣고 중불에 올려 설탕이 완전히 녹을 때까지 끓이세요.

3 쿠앵트로를 넣고 불에서 내리세요.

4 찬물에 불려 물기를 짠 젤라틴을 넣고 녹을 때까지 주걱으로 저은 후 식히세요(24~25℃).

Point 여름에는 판 젤라틴을 얼음물에 불려 사용하세요.

1 화이트 초콜릿 커버추어를 전자레인지나 중탕으로 녹이세요.

2 식물성 오일을 넣고 주걱으로 저어가며 잘 유화되도록 섞으세요.

3 구운 아몬드 분태는 입자가 큰 것 위주로 조금 더 다지세요.

4 2에 3을 넣고 섞으세요.

1 화이트 초콜릿 글레이즈 온도가 28~29℃ 정도 되면 케이크를 뒤집어 담가 윗부분을 코팅하세요.

Point 온도가 높으면 얇게 코팅되고, 온도가 낮으면 두껍게 코팅되어 매끈하지 않으니 적당한 온도에서 코팅하세요.

2 화이트 초콜릿 글레이즈가 굳으면 오목하게 들어간 윗부분에 오렌지 쿨리를 채워 굳히세요.

Baking Tip

- 초콜릿 글레이즈로 코팅한 케이크이므로 밀폐 용기에 넣어 실온에 보관합니다. 냉장 보관하면 초콜릿 글레이즈가 코팅된 곳에 물기가 맺혀 얼룩이 생길 수 있습니다.

- 아몬드 분태는 시판용을 사용하면 편합니다. 입자가 큰 편이라 조금 더 다져 사용하세요. 통아몬드를 사용할 경우 껍질을 벗기고 다져야 하므로 번거롭습니다.

Index